POP
URBAN-
ISM

POP
URBAN-
ISM

POP URBANISM

屋台・マーケットが
つくる都市

中村 航
KO NAKAMURA

学芸出版社

はじめに──POP URBANISMとは

世界に広がるPOPな都市空間

都市は、時代とともに変化し続けている。

　昔から、都市における人々の生活は、マーケット、市（戦後において
は特に闇市）、露店、屋台といった仮設的で、いわば原始的な人
と物の集まりに依存していた。農産物や生活必需品、工芸品など
が道端の屋台で売られ、そもそも、月の決まった日に街道の交差す
る地区に仮設の市をたて、人々が集まり、物品や情報の交換・交
流の場としたことが都市の起源とも言われる。東西の文化が交差
するトルコ・イスタンブールに世界最大のマーケット「グランドバザー
ル」があることも偶然ではないし、東京の築地市場も日本橋の路
上から始まった。それは今日、Amazonやアリババなどのウェブ上
のマーケットやSNSに姿を変えたが、人々が何かを求めて集まる
という原理は昔も今もまったく変わらない。人々が集まって日々の
生活を送る。それがどんどん集積していったものが都市である。

　19世紀後半から20世紀にかけて、世界中で、経済発展ととも
に資本と人が都市に集中するようになった。巨大な商業施設が
人を集め、高層のオフィスビルで大勢が働き、豪華なタワーマン
ションなどに人々が住むようになった。地元の商店など昔ながら
の生活の場は、少しずつ大きなビルに建て替わり、地元に縁のな
いテナントが入居する。店舗は巨大化してコストを削減し、チェー
ン店化して顧客との接点を増やし、売り上げを上げることを追求
した。また、人を効率的に集めるためにショッピングモール化し、
商業・オフィス・住居が入居する複合的な再開発プロジェクトも進
む。IT企業や自動車メーカーは買収を繰り返し、ホテルやブランド
はコングロマリットを形成し、航空会社は統合・アライアンスを強
化し、世界中で企業や事業の巨大化が加速している。

　それが21世紀に入り、正確には2010年前後から、世界中で

真逆の動きが見られるようになった。個の復権、小さいものの復権、言わば屋台的なるものの復権だ。

　小さいものが多様に集まり、雑多に混ざりあうことで、人と人の関係が生まれる。個人のアイデアや技術が価値を生み、良い野菜や果物を育てる農家がブランド化し、街の小さなパン屋に行列ができる。小さな企業が信念を込めてつくった商品が人気を集め、大企業も商品開発の現場に個人のデザイナーを起用する。大きなデパートやスーパーマーケットで同じような商品を売る代わりに、小さな屋台や店舗を集めて多様な商品や体験を見せる。今、人の集まり方、楽しみ方がどんどん変化しつつある。

　本書は、そんな世界中で同時多発的に広がりつつある現象を「POP URBANISM／ポップアーバニズム」と名づけ、まとめたものだ。小さく属人的で、新しい工夫やアイデアが詰まった、仮設的かつ実験的で、柔軟でポップアップする、ポップな都市空間。常に変化しながら先端のカルチャーを担う、新しい都市のあり方。世界の都市で増加する、そのような現象に注目しながら多くの都市を見て回った。

　POP URBANISMは、現代都市における人々の新しい集まり方、新しいカルチャーが生まれる場、あるいは新しい都市が生まれる場として捉えることもできる。都市デザインのこれからの方向性を見つけることもできるし、飲食業界や小売業界のトレンドを読むこともできる。建築の話でもあり、都市の話でもあり、社会の話でもある。巨大なビルから、小さな屋台が求められる時代へ。さまざまな都市に出現した、ポップで、楽しく、複合的で、実験的な場。新しい価値の発信源となり、人々が引き寄せられる場。都市に変革を起こす、小さな単位の集合体。本書では、それらを並べることで、現在進行形の都市像の一側面を描写しようと試みた。

食は都市をドライブするキラーコンテンツ

2010年代は「食」の時代であった。世界のトップレストランには

世界中から人が集まった。グローバル化がさらに進み、SNSで情報が一気に流通し、インスタグラムなどによって最も手軽に注目を集めることができるのは「食」だった。「Trip Advisor」「食べログ」などの口コミサイトで誰でも情報を投稿したり入手できるようになり、「ミシュラン」「世界のベストレストラン」といった格付け・ランキングが人々の注目を集め、観光や地域振興でも「食」が最重要なコンテンツとなった。なぜ、「食」がそこまで人々を惹きつけるかといえば、グローバル化・情報化が加速する現代において、食はその土地ならではのローカリティ（地域性）を持ち、他の地域と差別化できる最も身近な体験だからだ。

　同時に、食の分野では、オーガニック、スロー、ローカルといった概念が浸透し、各地でファーマーズマーケットが営まれたり、フェアトレードへの関心から生産と消費の関係が見直され流通システムが再編されるなど、業界の進化はめざましい。ロンドン、ニューヨーク、ストックホルムなどでは、昔ながらの屋台やマーケットが、人々の集まるパブリックスペースとして現代的にアップデートされている。再開発プロジェクトの中心施設として、フードホールを位置づける例も多い。バンコクやシンガポールは、昔から屋台が生活に密着しているが、その伝統は残しつつ新しいスタイルを打ち出し、文化の積層を感じさせる。これらの都市に比べると日本の都市では、公共空間利用に関する制約が未だ多いが、制約に誘導される形で都市の需要に応えるキッチンカーが増え続けている。2010年頃から、世界中の都市で同時多発的に「マーケット」がアップデートされ、「屋台」が増加しているのだ。

　「食」は、ローカルであると同時に、グローバルでもあるところが面白い。利用客がレストランで撮った料理の写真をSNSで流せば、瞬時に世界中に拡散される。スペインのサン・セバスチャンでは街の中でレシピをオープンソース化し、各店舗がさらに改良を加えるという循環を生んだことで世界一の美食の街となった。そしてその美食を求めて世界中から人が押し寄せる。またいろいろなシェフが新しい調理法を編み出して話題となると、それが他の都

市のレストランにも飛び火たりする。スペインのモダン・ガストロノミーや北欧のニュー・ノルディック・キュイジーヌを発端に世界各地で新しい食への挑戦が行われ、それらが集積して地域性豊かな食文化が生まれている。そして豊かな食文化をキラーコンテンツとして交流人口を増やそうとする都市も現れる。現代の社会では見えづらくなった生産と消費の関係が、地域性豊かな食を介して身近に感じられる。それが今、「食」に注目が集まる最大の要因だ。

　もちろん、単純に食べることは楽しいし、人が集まれば何か食べたくなる。ショッピングにも、音楽イベントにも、スポーツにも、食はつきものだ。そういった人間の根源的な価値観が、グローバル化が進む今の時代の食と都市の関係をつくりだしている。

　そんな食と都市の新たな関係をつくりだすアイテムとして、最も挑戦しやすいのが「屋台」だ。古いけれど新しく、個人が挑戦するにはちょうどいいサイズ感で、いろいろなイベントや場所に付随することができる。屋台は、今までのいわゆる店舗型の飲食店とは違う、食で都市を盛り上げる新しいプレイヤーとなりうるのだ。

　都市はいろいろなプレイヤーが、何か面白いことをやってみようとチャレンジする場だ。プレイヤーにとって楽しく、新しく、信条に合う、そういう尖った店舗の集合が価値を生み、人を惹きつける。それは店とは言えないほどの小さいスケールであることが多いが、選択肢は多い方がよい。都市開発にしても商業ビルにしても、そこを埋めるコンテンツは、大手のチェーン店より、小さいけれど多様な屋台的店舗を並べた方が、今では圧倒的に強い。

ニューノーマルを牽引するPOP URBANISM

都市の変化といえば、2020年初頭から世界中でパンデミックを引き起こした新型コロナウイルス感染症の影響も大きい。

　都市は変化し続けているといっても、通常、そのスピードは数年単位、数十年単位だ。一方、災害等をきっかけとして、都市は急激な変化を余儀なくされることもある。大地震が起きれば建築

の耐震性能が強化され、火災によって建築の不燃化が進み、河川氾濫や環境破壊が起これば、それを防止する施策が実行される。そこでは、技術革新と同時に、人々の意識改革も大きく進む。近年では、2008年のリーマン・ショック、2011年の東日本大震災以降、人々の価値観が転換し始めた。環境への意識が高まり、所有からシェアへ、消費がモノからコトへと変化し、オーガニック思考、クラフトマンシップ、ローカル（地方）シフトが盛り上がった。

　新型コロナによるパンデミックは、これまで人類が経験してこなかった規模の変化だった。多くの都市で都市封鎖（ロックダウン）が行われ、ソーシャルディスタンスという概念が生まれ、人々が集まることの価値が揺らいだ一方で、屋外の公共空間の価値が再確認された。海外の都市では、休業を余儀なくされた飲食店の営業は、屋外席から再開された。これまで景観や衛生面から屋台を規制してきた中国でも、屋外での小規模ビジネス「露店経済」が推奨されるようになり、タイでは、感染対策のためにカスタマイズされた屋台が路上で営業を始めた。世界中のグルメを魅了してきたコペンハーゲンの「NOMA（ノーマ）」はレストラン営業を中断してハンバーガーのデリバリーを始めた。世界中の飲食店でテイクアウトやデリバリーが増え、飲食ビジネスの多角化が図られた。

　日本においても、これまで頑なに禁止されてきた道路占有の柔軟的な運用ができるようになった。屋外の公共空間に、小さく仮設的な屋台やレストランの屋外席を設けて、パンデミックで急速に変化した社会の需要に応える道が模索されている。

　2010年頃から世界各地で醸成されてきたPOP URBANISMの芽が、世界的な感染症をきっかけとして、より変化に対応しやすいトリガー（起動装置）として注目され、新しい社会の常態＝「ニューノーマル」を牽引していくのだ。

本書の構成

本書では、世界各地の36のPOP URBANISMの事例を5つの

テーマに分けて紹介する。

1章「人の流れを塗り替えるスタートアップの集積」では、小さな単位で集まる屋台群を「食」のスタートアップと捉えた事例を取り上げる。失敗が許容される規模だからこその試みだ。

2章「都市開発を牽引するフードコンテンツ」では、複合的な都市開発の中での「食」の扱われ方に着目した。マーケットや屋台街といったフードコンテンツが、実際にエリア価値を刷新する都市開発の重要なアイテムとして利用され始めている。

3章「都市の隙間で発明されるクリエイティブな使い方」では、単位が小さいからこその柔軟性で都市空間を使いこなす事例を集めた。既存の不動産のしくみには乗らないやり方で、都市をどう変えていけるか、その可能性を提示したい。

4章「アップデートされる歴史的マーケット」では、昔から市民の生活を支えてきたローカルなマーケットが歴史・地域性を継承しながらアップデートされていく事例を取り上げた。

5章「思いがけないアイデアで都市の未来を見せる」では、特にユニークで、これからの都市のデザインのヒントになっていくであろう事例を紹介する。

6章「新しい集まり方が、都市を動かす」では、1〜5章のケーススタディを踏まえ、POP URBANISMが今、世界中で求められる背景、POP URBANISMの要素と意義を考察し、変化が加速する時代に求められる都市のあり方、それを実現するためのアプローチについてまとめる。

本書で紹介した事例は、主に2015〜20年の5年程度のフィールドリサーチで、実際に足を運び、選んだものである。2023年現在、もっと新しい事例も現れているだろうし、すでになくなってしまった期間限定のプロジェクトもある。紹介しているのは世界のごく一部でしかないけれど、都市の未来像を描く手がかりの1つになりうるのではないだろうか。

110 **3章 都市の隙間で発明される
クリエイティブな使い方**

---

158 4章 # アップデートされる
歴史的マーケット

オスロ
- VIPPA(05)
- MATHALLEN(09)
- FOOD TRUCK FESTIVAL
  in OSLO AIRPORT(33)

ストックホルム
- K25(20)
- ÖSTERMALMS SALUHALL(26)

ヘルシンキ
- HAKANIEMEN
  KAUPPAHALLI(27)

コペンハーゲン
- REFFEN(04)
- BROENS GADEKØKKEN(21)
- TORVEHALLERNE KBH(30)

アムステルダム
- FOODHALLEN(07)
- NEXT FOOD TRUCK(35)

トリノ
- NEXT FOOD TRUCK(35)
- コラム03

シチリア
- NEXT FOOD TRUCK(35)

ロッテルダム
- FENIX FOOD FACTORY(03)
- MARKTHAL(31)

台北
- コラム01

ウッタラディット
- 6章

ペナン
- コラム01

バンコク
- EATHAI(13)
- THE COMMONS(14)
- ARTBOX(23)
- コラム01
- コラム03
- コラム04

ホーチミン
- コラム01

ロンドン
- POP BRIXTON(01)
- PECKHAM LEVELS(02)
- MERCATO METROPOLITANO(08)
- SOUTHBANK CENTRE(16)
- BRICK LANE MARKET(17)
- MALTBY STREET MARKET(18)
- DINERAMA(19)
- BOROUGH MARKET(25)
- THE NED(32)
- NEXT FOOD TRUCK(35)

Chapter

01

人の流れを
塗り替える
スタートアップ
の集積

POP BRIX-TON

中古コンテナを積層させたカルチャーの発信地

ロンドン

1人の建築家が構想した立体駐車場跡地の活用

ロンドン南部、ブリクストン地区は移民が多く、治安が悪い地域として知られていた一方で、ブリクストンビレッジと呼ばれる商店街の再生など、小さい単位での都市再生に取り組んできた。そのような取り組みの中で、地域のイメージ・地価を一変させる核として生まれたのが「POP BRIXTON（ポップ・ブリクストン）」だ。

POP BRIXTONは、ブリクストンビレッジのすぐそばの、長らく空き地として放置されていた立体駐車場跡地の活用案として、ロンドンの建築家カール・ターナーによって構想された。最初は行政が主催したコンペであったが、予算がなかったため、選ばれたターナーが設計だけでなく費用調達・運営まで一任され、私財も投入してつくりあげた。2015年に3年間の期間限定でオープンしたが、年間100万人以上もの人々が集まる地域の中心的存在となったため、その後プロジェクト期間が延長された。

中古コンテナ[*1]を積み上げ、足場板やリサイクル材・廃材を活用しながら、低予算かつDIYでつくりあげたバラックのようなスペースに、コンテナを利用した飲食屋台、ライブなども行えるクラブのようなイベントスペース、オフィスやレンタルスタジオ、メイカーズスペース、共用のダイニングなどが軒を連ね、常に人で溢れている。また一角には小さなビニールハウスとプランターからなる「POP FARM」があり、地元の人や飲食店のために野菜やハーブを育てている。コンテナの壁にはグラフィティ[*2]が描かれ、クラブからは音が流れ、人々が思い思いに寛いでいる。

地元のスタートアップ、社会的企業を支援

POP BRIXTONは、地元の小さなスタートアップビジネスを支援しながら、コミュニティを活性化させることを重視している。スタートアップは安い家賃で入居でき、個人経営かつ地元を重視しているため入居者の75%は地元出身者で、社会支援にも意識的だ。

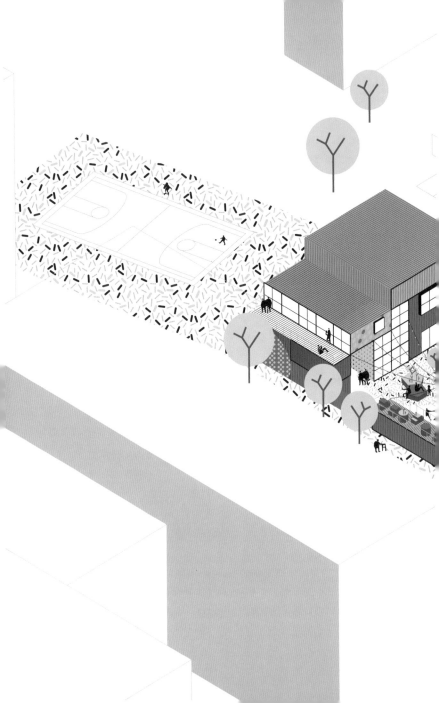

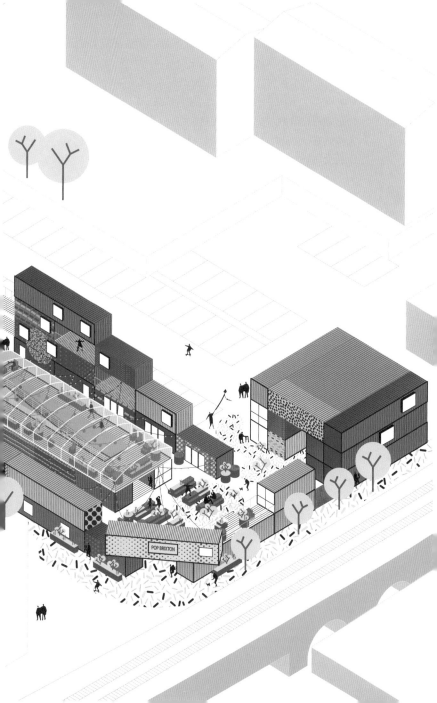

たとえば「Bounce Back」という受刑者の社会復帰を目指すソーシャル企業が入居していたが、その活動が話題となり、ロンドン市内の刑務所内を含む複数の拠点を持つまでに成長した（現在は入居していない）。さらにコミュニティへの還元として、各テナントに毎週一定時間ボランティア活動をするというルールを課すなど、入居者任せではないコミュニティ重視のしくみが徹底している。

　飲食屋台は、クラフトビールやカフェ、バーなどに加え、メキシコ料理のタコス、日本料理のラーメン、韓国料理、ベトナム料理、モダンなインド料理、イタリア本場のピザ、スペイン料理のタパスなど、移民の多い地域性を反映させた多国籍なメニューが多い。

　これらの屋台でも、ローカルのスタートアップを積極的に起用し、地元出身のシェフや地域の食材を使った店舗などが優先して入居できる。通常、飲食店をオープンするには、厨房機器や備品を揃え、店舗を改装するのでかなりの初期投資が必要となる。ここでは、20フィートコンテナ半分のサイズ、およそ2.5×3mの大きさの店舗を小さな投資で始められ、腕ひとつ、アイデアひとつで人気店になることも珍しくない。それが、飲食店を屋台で起業することの最大のメリットだ。

シェアすることで生まれるコミュニティの価値

入居する飲食店が屋台であることは、小さな単位の集合体であることを意味する。そしてそれは、人の集まる場所をつくるのに非常に効果的だった。「シェア」の概念が世に出始めた頃、シェアオフィスやシェアハウスは、通常のオフィスや住宅の下位互換だと思われていた。家賃が高いから、それを割るためにシェアするという考え方だ。実際には、シェアすることで創出されるコミュニティにこそ価値があるということが理解され始めてから、シェア空間を好んで選ぶ人が増えた。飲食店も同じで、POP BRIXTONでは多様な店と出会えるコミュニティの創出に適した単位・スケールが実装されていた。

　たとえば、インド料理屋「Kricket」は、この場所で20席のコンテナからスタートしたが、そのクオリティとクリエイティビティの高さですぐに人気店へと成長した。2年後にはロンドン中心部に店舗をオープンし、レシピを記録したCookbookを出版、ミシュランのビブグルマンに選出されるなど、超人気店となった。現在はPOP BRIXTON近くに本店を移し、ロンドン市内に3店舗を構える。

　POP BRIXTONは、ポップアップ*3的に空き地に出現し、たくさんの店舗とさまざまなプログラムがミックスされ、なかでも小さな飲食屋台が中心となって多様な人々を集めることで地域の核となった、まさにPOP URBANISMと言えるプロジェクトだ。キーワードは「複合」と「食」、それに「POP」であること。特にその場所の「楽しさ」が、人を呼び、広くシェアされ、コミュニティとなって、都市を動かしている。

*1 中古コンテナ：ヨーロッパを中心に多くの国では、古い貨物用コンテナを店舗等にリサイクルする事例が多いが、実は日本ではJIS規格に則っていないため中古コンテナは使用できない。中古コンテナ風の新しいコンテナを製作しなければならないため、コストも高い。また仮設的に置くだけで使えるように思われているが、実際には基礎をつくり、確認申請も必要である。現状の規制を条件付きでも緩和しないと、環境問題を考慮してリサイクルを促進することができない。
*2 グラフィティ：公共空間の壁などに描かれる文字や絵のこと。もともと違法行為であるグラフィティが多い場所が、流行りの場所となり、若者や観光客が集まるようになって店舗やブティックが増え、治安が向上するような事例は多くある。
*3 ポップアップ（ストア）：主に商品やブランドのプロモーションのために期間限定で出店する店舗。SNSが普及し始めた2010年前後から一般的になった。パッと現れ、仮設的で、希少性・意外性が話題となり、拡散されて広く知れ渡るという手法。

https://popbrixton.org
49 Brixton Station Road, London SW9 8PQ, UK

1 │ テントドーム内は1階に店舗、2階は屋内の飲食スペースとなっている
2 │ POP FARMで自家栽培の実験を行う
3 │ 色鮮やかなグラフィックが施されたコンテナが都市空間を明るくする
4 │ グラフィティがサイン代わり
5 │ コンテナを積み上げた店舗と廃材を利用した家具に人が集まる

PECK-HAM LEV-ELS

クリエイティブ
スタートアップが
街を変える

ロンドン

駐車場ビルをまるごとリノベーション

POP BRIXTONを成功させたカール・ターナーは、その運営チームと共にローカルの小さいビジネスを営むクリエイターやデザイナー、シェフ、アーティストらをサポートするMAKE SHIFTという組織を立ち上げた。そのメンバーで、ロンドンのペッカム地区の古い駐車場ビルをまるごとリノベーションして「PECKHAM LEVELS（ペッカム・レベルス）」をつくった。

　ロンドンでは近年、地価の高騰・公共交通の普及により、都市部での車の所有率が下がってきている。また、都市ではしばしば、工場や倉庫などの産業施設がその役割を終えると、空いたスペースに店舗が入居したり、アーティストが住み着いてギャラリーが増えたりする。クールなスポットと知られるようになると人が集まり、場所のブランド化が起こり、地価が上がり、大手資本が流れ込み、場を育てた人々は次の場を探すようになる。そうやって都市は常に新しい場所を発見し、文化的な核は移り変わってきた。

　そんな都市の新陳代謝を体現するようなプロジェクトが、このPECKHAM LEVELSだ。地上から屋上までスロープでつながる7階建ての元駐車場ビルが、屋上にバーと屋外エキシビション、低層部にアトリエやコワーキングスペース、5・6階にカフェ、バー、屋台、イベントスペースなどがあるパブリックスペースに生まれ変わった。入居するのは、ローカルの店舗やクリエイティブ系のスタートアップで、その数は100社に及び、イベントも頻繁に開催される。

　産業転換による都市機能の変化をうまく活用しながら、地域をサポートするコミュニティをつくり、外から注目される場に育てることで、地域の環境を改善する。そんな好循環を生みだす極めて現代的かつ批評的、しかし同時に遊び心に溢れるプロジェクトだ。

https://peckhamlevels.org
F1-F6 Peckham Town Centre Carpark, 95A Rye Lane, London SE15 4ST, UK

1｜屋上のバーの手すり壁をカウンター代わりに
2｜イベントやアートエキシビションも行われる屋上のバー
3｜7階建ての元駐車場ビルをローカルのスタートアップが集う場へ
4｜ビルの無機質な構造と鮮やかな色彩の店舗が対比的
5｜オフィスやアトリエ、店舗などが駐車場に挿入される

03

FENIX FOOD FAC- TORY

港湾倉庫に集まる 飲食のスタートアップ

—
ロッテルダム

アートから食へ、変わるジェントリフィケーションの主役

現代建築が立ち並ぶロッテルダムでは近年、市内中央を流れるニューウェ・マース川周辺の港湾地域の再開発が進んでいる。ベン・ファン・ベルケル設計のエラスムス橋や、レム・コールハース率いるOMA設計のヨーロッパ最大の床面積を持つ高層ビルDe Rotterdamなどがある再開発エリアの対岸の島、カーテンドレヒトもかつてはドッグヤード沿いに倉庫や工場などが並ぶインダストリアルなエリアだった。そのエリアの港湾倉庫をリノベーションして2014年にオープンしたのが「FENIX FOOD FACTORY（フェニックス・フード・ファクトリー）」。天井の高いRC造の倉庫跡に小さな飲食店が12軒ほど入っている。

　これまで、産業転換に伴い使われなくなった工場や倉庫等はアートギャラリーにリノベーションするのが定番であった。古い倉庫街や工業地帯にアーティストが住み着き、ギャラリーがオープンし、感度の高い人々が集まるようになると、店が増え、さらに人が集まり、地価が上がり、アーティストたちはさらに別のエリアに移り住む。そんな典型的なジェントリフィケーション[*1]の立役者といえば「アート」だったのが、近年は「食」がその役割を担うようになってきている。

スタートアップとしての極小飲食店

FENIX FOOD FACTORYが特徴的なのは、倉庫空間に挿入された小さな店舗たちが、まったく異なる素材・形・大きさで構成されていることである。特に統一的な意匠やルールが見られるわけではなく、カウンターの高さや素材もバラバラだし、看板などもそれぞれが勝手に出しているようだ。カウンターだけの可動の屋台や、木の小屋、コルゲートパイプの店舗など、合板や廃材といった安価な素材中心のDIY空間であるが、かといってクオリティの低い学園祭感はない。そこにはさまざまなデザインの店舗が自由に

STIELMAN
KOFFIEBRANDERS

STROOP

STIELMAN

KOFFIE

元港湾倉庫に入居する飲食店は別々の素材・形・大きさで構成されている

共存するスタートアップの独特の「空気感」が存在する。

　というのも、ここでは出店者が「Entrepreneur（起業家）」と呼ばれている。ただ飲食店を並べたのではなく、「食」の領域の起業家が集まることが施設全体の強いコンセプトとなっているのだ。たとえばその1つ、「BOOIJ KAASMAKERS」は、小さな酪農家がつくるオーガニックなチーズを販売しているし、地元ロッテルダムのクラフトビールを売る「KAAPSE BROUWERS」は、シェアキッチンのレストラン「THE KAAPSE KITCHEN」も持っていて、そこではさまざまな料理をつくるシェフが週替わりで店に立ち、毎週異なる料理が提供される。どの店舗もローカルを意識し、素材や環境に配慮しながら新しい試みも積極的に行う。他にも自家焙煎のコーヒー豆にこだわるロースタリーや、老舗ベーカリー、テラスでのBBQ屋台や、八百屋、モロッコ料理店、オランダ名物のワッフル屋台などに加えて本屋やワインショップなどが入居する。すべての店舗が飲食店や物販店という意識を超えたスタートアップの集合体として、いろいろなことを企んでいる。この倉庫エリアに来れば、彼らが取り組もうとしている食文化の最先端を見ることができるのだ。

実験的な空気感の創出と可視化

この自由で実験的な「空気感」は、画一的なブースを並べただけでは決して生まれないし、1人の設計者がつくりだすのにも限界がある。一方で、総合的なディレクションをせずに完全にテナント任せにしてしまっては、全体のクオリティを担保できないだろう。FENIX FOOD FACTORYは、そのような多様性と統一感のバランスが非常によくとれていて、訪れる人々が場の持つ「空気感」を共有することができる。コンテンツからストーリーへ、共有の時代にふさわしい場づくりに成功していると言える。それを可能にしているのは、店舗を「起業家」と扱い、施設を「起業家の集合体」であると宣言するFENIX FOOD FACTORYの哲学。そこで生まれた空気

感が空間の中で混ざりあい、訪れる人に実験的な雰囲気、いわば「わくわく感」を与え、施設全体を魅力的なものとしている。

　倉庫の外には、ドックヤードを利用した心地良いテラス席が広がり、多くの人がウォーターフロントでの食事を楽しんでいる。反対の道路側のエントランスの外にも、貨物列車の線路跡をそのまま利用したテラスにテーブルが並び、屋内外構わず、どのエリアにも人が溢れて活気がある。賑わいを可視化するのは、アーバンデザインの観点からすると重要だが、工場や倉庫といった元来閉鎖的な建物をリノベーションする際、構造の制約から閉じた印象を与えてしまいがちだ。知っていれば入りやすいけれど、知らない人を誘い込むには、いかに施設を開いていくか考える必要がある。ガラス張りで中を見せるのが飲食系の商業施設では定番だが、それが難しければ人を外に出せばよい。それが最も安価で、最も効果的で、最も楽しい解決策なのだから。

　その結果として、川を挟んだ対岸からは大きな倉庫の前で人々がくつろぎ楽しむ様子が見え、それが施設の顔となる。それが原因か、あるいは逆かは定かではないが、近隣にもレストランやカフェなどが増えていて、地域全体の盛り上がりを感じさせる。FENIX FOOD FACTORYはそんな地域の賑わいの中心的存在となっている。

*1 ジェントリフィケーション：地価の高騰によってそれまで住んでいた住民が住めなくなり、移転を余儀なくされること。それによって地域住民の多様性が損なわれるという負の側面で捉えられることが多い。それらの問題は、住宅政策や地価決定メカニズムの操作など、将来的には解決可能で単にバランスの問題とも考えることができるが、一方でジェントリフィケーションの正の側面、つまり居住環境が改善し、治安も向上し、地価が（適切な範囲で）上がる、ということは正しく意識しておきたい。

https://www.fenixfoodfactory.nl/
Nico Koomanskade 1025, 3072 LM Rotterdam, Netherlands

1 ｜ 屋外にもテーブルを出して、施設の賑わいが滲み出す
2 ｜ 簡易だが存在感のあるカフェブース
3 ｜ コミュニケーションが生まれやすいオープンなカウンター
4 ｜ 飲食店だけでなく本屋なども入居してカルチャーを形成する

REF-
FEN

ストリートカルチャー
を復権させる
コンテナ屋台

コペンハーゲン

ウォーターフロントのコンテナ屋台群

コペンハーゲンは、優れたアーバンデザイン、バイク（自転車）フレンドリー、カーボン・ニュートラル政策など、世界で最も洗練された現代都市の1つと言えるだろう。2014年に欧州グリーン首都賞を受賞した環境都市でもあり、「世界のベストレストラン」で4回も1位に輝いた「NOMA（ノーマ）」をはじめとするニュー・ノルディック・キュイジーヌを牽引する美食都市でもある。

　「REFFEN（レーフェン）」は、そんなコペンハーゲン中心部から無料のボートでアクセスするラフスヘーレウーウン地区のストリートフードマーケットだ。前身として別の地区にストリートフードマーケットを展開していたが、その地区の再開発に伴い、2018年に移転した。もともとは廃工場などが並ぶエリアで、6000㎡の広大な敷地に40余りのフードスタンドや15ほどのスタジオ・ワークショップが並ぶ。ウェブサイトによれば、席数は最大で2500、敷地中央にはイベントスペースがあり、ライブやコンサート等も多く開催されている。リバーサイドにはスケートランプとビーチバレーコートを設けた砂浜があり、テーブルやベンチを出して「擬似ビーチ」で食事を楽しむ人々も多く見られる。

　REFFENが目指すのは「ストリートフード・デザイン・カルチャー・クラフトとプレイグラウンド」。店舗は中古のコンテナを再利用してつくられていたり、廃材やリサイクルマテリアルを多用したり、全体としてエコフレンドリーな、さながら現代版ヒッピータウンのような様相だ。対岸の現代建築で覆われた高層ビル群と対照的に、リバーサイドの工場地帯に突然広がる砂浜とコンテナ群に、大勢の人々が集まる。

　エントランスからコンテナ屋台が並ぶストリートを奥に進むと、バーを中心としたイベントスペース・屋根付きの客席スペースをさまざまな店舗が取り囲む。BBQ、タコス、フルーツジュース、クレープ、ハンバーガー、ビーガンフード、ピザ、アイスクリーム、インドのストリートフード、寿司、サンドイッチ、ミートボール等々の店、コー

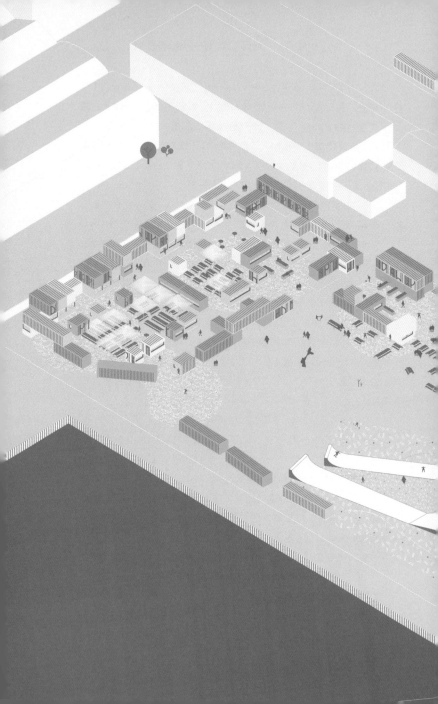

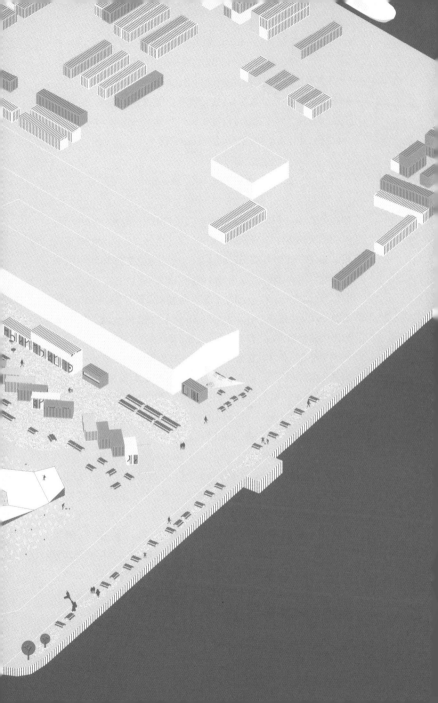

ヒーショップやビアバーなどに加え、オフィスやスタジオ、スケートボードショップ、タトゥーショップ、リサイクル洋服店、スキンケアショップや花屋などで構成される「クリエイティブ・ワークショップ」と呼ばれるコンテナもある。出店するには審査があり、ローカリティ、オーガニック、職人的、サステナブルといったREFFENのコンセプトに合うかどうかが重視されるという。

主催者も出店者となり、場を盛り上げる

中央のBARは「REF BAR」としてREFFENが経営しており、同様に「REFFEN COFFEE ROASTERY」やヴィーガンフードを提供する「REFFEN GREENS」など、主催者直営の店舗をいくつか持っている。このような場では空間のデザイン以上に、出店者たちとコミュニケーションをとり、イベントを共に企画して場を盛り上げるといった、出店者たちのコーディネーションが重要となる。それぞれの出店者が独立した存在だからこそ生まれる楽しさは当然あるが、一方でやる気のない店舗があったり、質の低い商品やサービスが提供されたりすると、施設全体のブランドを損ねる。出店者を盛り上げることが、施設のクオリティを高め、質の高い商品やサービスの提供に欠かせない。REFFENではあちこちに分散して配置された直営店舗が、それを率先する役割を担っているようだった。

　こうした出店店舗のコーディネーションは、小さい店舗の集まりだからこそうまくいっている側面がある。いわゆるデパートのような業態の場合、エントランス付近や道路に面した人流が多い場所の家賃が高く、高い家賃を払えるハイブランドなどが入居する傾向にあり、同じ施設内でも場所の価値が偏在してしまう。一方、店舗が極度に小型化した、歩いて楽しむREFFENのような業態の場合、エントランス、中央、奥、角といった場所の特性をうまく利用しながら直営店舗を分散させることができる。コミュニティを醸成するための店舗配置が巧みであった。

ストリートカルチャーの復権

今、世界的には「ストリート」の復権が起きている。2010年代後半からハイブランドがこぞってストリートカルチャーを取り入れているし、グラフィティのようなストリートアートが市民権を得て、都市再生にまで寄与するようになった。一方、多くの都市が車中心の都市から歩行者中心のウォーカブルな都市を目指し、別の意味で人々の意識がストリートへ回帰している。アーティストがクラフトを売ったり、古着や中古レコードを売ったりするようなストリート経済も、大量消費社会への反動でむしろ需要が増えている。コペンハーゲンは、都市部がどんどん洗練されていく一方で、ヒッピー的カルチャーの楽園クリスチャニア[1]という自治区すら存在するが、そのようなハイ／ローのさまざまなコンテクストが共存し、多様性とカルチャーを重視する社会の帰結として、REFFENのような場所を成立させている。

　また、このような屋台・小さな飲食店が集まるような場所では意外に思われるかもしれないが、実はどのプロジェクトでもキャッシュレスが相当進んでいる。というのも、キャッシュを扱うことによるデメリットの方が大きいからであって、小さな店舗にとっては現金管理や釣り銭の用意、従業員のチェックや売上管理などの手間から解放されるメリットは非常に大きい。ここREFFENでも、ほとんどの店舗がクレジットカードオンリーであった。一応の救済策として中央のREF BARでプリペイドのカードを現金で購入できるようになっている。

*1 クリスチャニア：コペンハーゲン市内の自治区で、もともと軍用地だった地区に人々が不法侵入する形でヒッピー・アナーキズムの楽園が形成された。自動車の通行は禁止、大麻は合法だけれど強いドラッグは禁止、銃や暴力は禁止、落書きは自由、といった独自のルールがつくられ、およそ1000人が暮らす。

https://reffen.dk/en/
A, Refshalevej 167, 1432 Copenhagen, Denmark

1｜REFFEN直営のコーヒー店が場のマネジメントも担う
2｜元工場地帯に持ち込まれたカラフルなコンテナ屋台群
3｜コンテナ、キッチンカー、フードトラック、ワゴン、大小さまざまな屋台が並ぶ
4｜ウォーターフロントを楽しむ屋外のテーブル席
5｜オフィスやスタジオ等が入居するクリエイティブ・ワークショップ

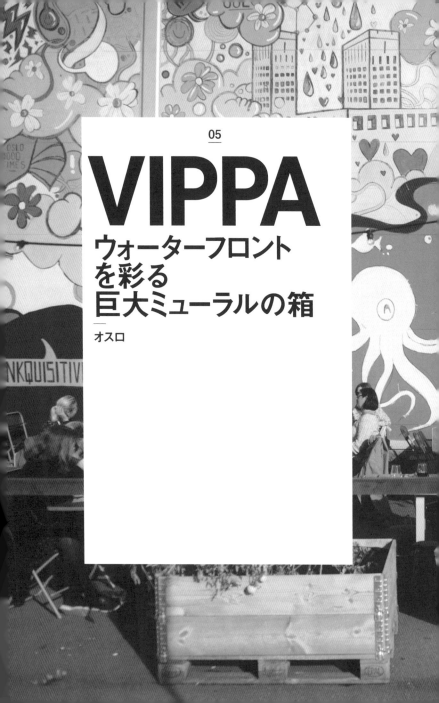

VIPPA

ウォーターフロント
を彩る
巨大ミューラルの箱

オスロ

最小限の初期投資で最大限のランドマーク性を獲得

ヨーロッパで近年最も開発が行われている都市の1つがオスロだ。中央駅付近や湾岸沿いなど開発の進むエリアでは、数十棟の高層ビルが次々に建てられている驚くべき光景が広がる。そんな開発に囲まれた湾岸部の倉庫をリノベーションし、2017年に「VIPPA（ヴィッパ）」がオープンした。

　天井高が10m近い大きな箱型の倉庫に、コンテナをベースにした簡易な飲食屋台を並べ、中央を飲食・イベントスペースとして活用している。建物をほとんどいじらない代わりに、外壁一面に描かれた巨大なミューラル*1によって、施設のブランドを明確にし、初期投資を最小限としつつ最大限のランドマーク性を獲得している。

　店内中央の客席スペースは300〜500人ほどのキャパを持ち、世界各国の料理を提供する11のフードスタンドが客席スペースを取り囲む。高い天井高が、まるで広場にコンテナ屋台が並んでいるかのようなフェスティバル感を演出する。フリーマーケットやライブ、結婚式といった、さまざまなイベントが頻繁に行われ、ウォーターフロントのテラス席も心地良く、夏はテラスから席が埋まっていく。

　店舗には地元の農家や生産者、若いシェフたちを優先的に入居させ、また経験の浅い料理人を育てるために、スタートアップ的に使用できるキッチンスペースを設ける。環境配慮の意識も高く、コンポスト・リサイクルの取り組みも積極的に行っているし、地域の産業が持続的に循環するようなしくみの形成に力を注ぐ。彼らは「食は人々を結びつけるツール」だと信じ、小さな屋台の集合体から、大きな社会の循環を生みだそうとしているのだ。

*1 ミューラル：屋外の壁画のこと。非合法に描かれるグラフィティとは逆に、許可をとった壁面にアートワークとして描かれるコミッションワークを指す文脈で使われることが多い。

https://www.vippa.no/
Akershusstranda 25, 0150 Oslo, Norway

1 ｜ 大きなBOXの中にコンテナのBOXを入れて飲食ブースとしている
2 ｜ ウォーターフロントを楽しむ心地良いテラス席
3 ｜ キャパ300〜500人の飲食スペースでは、イベントなども開催される
　　［出典：VIPPAのfacebook］
4 ｜ 既存倉庫一面にグラフィックを施し、ランドマークとなる

PORT-LAND FOOD CARTS PODS

街中に フードトラックの 居場所をつくる

ポートランド

インディペンデントなカルチャーが生まれる背景

ポートランドは、ナイキ、コロンビア、エースホテル[*1]などを生んだアメリカ随一の文化・環境都市。行政と企業が連携して優れた都市再生を行い、酒税・消費税がかからないため地ビールやジンを生産するマイクロブルワリー（醸造所）やインディペンデントなカフェのメッカとなり、DIYやクラフトといった文化が浸透している。リサイクルのマテリアルなどを扱うNPO「REBUILDING CENTER（リビルディングセンター）」があることでDIYカルチャーが栄え、日本の町内会的な存在であるネイバーフッド・アソシエーションというしくみによって住民参加のまちづくりが徹底されるなど、主体的で自立した市民が多いことでも知られる。

フードカートポッドのしくみ

ポートランドには、そのようなローカルでインディペンデントなカルチャーを大切にする気風が根づいており、飲食店を気軽にオープンすることができる、フードトラック[*2]をサポートするしくみが定着した。それが「フードカートポッド」と呼ばれるシステムで、駐車場や広場、道路の脇など街のあらゆる場所に、フードトラックの出店スペースが用意されている。

5th Avenue Food Cart Pod
市内では比較的規模の大きいフードカートポッド。1ブロック[*3]の半分が駐車場となっており、歩道側にずらっとフードトラックが20台程度並ぶ。幅2.5m程度の駐車スペースで営業するので、間口は2mにも満たないフードトラック後面部分が店の顔となる。街路の1ブロック60mほどに20台以上のトラックが並ぶ風景は圧巻だ。

SW 4th Avenue & SW Hall St Food Cart Pod
ポートランド州立大学の近く、SW 4thアヴェニューとSW Hallス

Veli

26) BABA

LARGE Grill

MR Philly
Cheesesteak

special in the menu

Philly cheesesteak
with fries and soda

$9

歩道にフードトラックが並ぶエリアが街の所々に出現

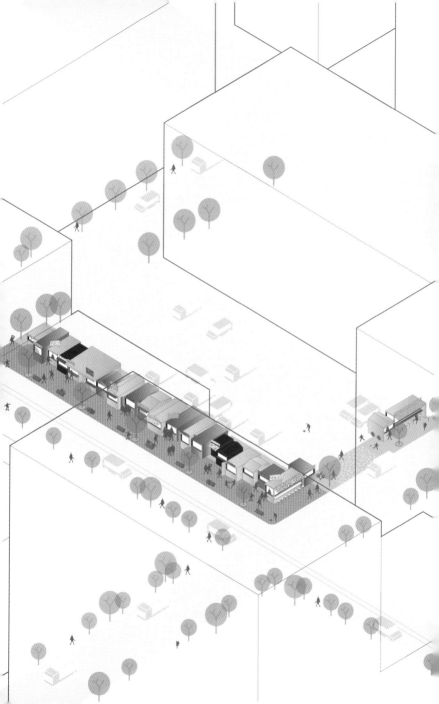

トリートの交差点にある駐車場にフードトラックが並ぶ。好きなものを選んで、テイクアウトする人、道端で食べる人、さまざまなグラフィックの立て看板などが街に賑わいをもたらす。

Cartopia

市の中心から少し離れた地区の洗練されたフードカートポッド。敷地中央にテントと木のベンチ・テーブルを設け、外周に並んだフードトラックは看板やカウンターなどが大胆に装飾されている。フードトラックでの営業は、車両の構造上どうしても店舗側が高くなってしまうが、段差を解消するデッキも巧みにデザインされていた。

公共空間を占有する適度な許認可制度

ポートランドでは、このようなフードカートポッドを運営するシステムがわかりやすく整備されている。自由に見えてクオリティを担保するためのルールが決められており、道路に出店する場合は市の交通局の許可をとる必要がある。電気・給排水工事が発生する場合には資格者による工事と商業配管許可等が必要で、プロパンガスや置き看板の設置、食料品販売には保健所の許可が必要だ。

　多くは駐車場や空き地を利用しており、トラックの裏にはプロパンガスとウォータータンクがある。排水は車両下にタンクを置いて貯めるものがほとんどで、場所によっては下水に繋ぐことも可能だ。電源は発電機を使用するが、道端に供給プラグを備えるフードカートポッドも少なくない。

　ちなみに、「Portland Maps」というサイトで、市内すべての土地について、面積やゾーニング、所有者、校区、近隣公園、ゴミ収集日、そして過去1年の犯罪率の円グラフまでが開示されている (https://www.portlandmaps.com/detail/assessor/431-SW-HARVEY-MILK-ST/R246129_did/)。加えて過去5年の土地の市場価値の推移とそれに応じた税金の推移なども一目瞭然で、各項目の問合せ先まで明記されたデータベースとなっている。行政サー

ビスとはかくあるべしという素晴らしいシステムだ。

それによると、たとえば5th Avenue Food Cart Podのあるブロックは、商業地で8分割されており、50フィート（約15m）x 100フィート（約30m）の「駐車場」と申請された区画を4区画使用している。そのうちの1区画の地価は2019年当時1,340,240ドル（約1億4300万円）で、過去5年でなんと70％も増加している。それに伴い固定資産税は12,683ドル（2015年）から15,301ドル（2019年）に20％値上がりした。おおよそ同条件の4区画をフードカートポッドとして利用しているので、単純に計算すれば地代は年間6万ドル（約640万円）かかっていることになる。

そんなデータベースも整備され、フードトラックを始めたいと思えば、どこにアクセスして許可をとるべきか容易に把握できる。そもそもフードカートポッドのようにフードトラックを行政側でサポートし、適切に管理している都市はあまり例がない[4]。

このように行政がきちんと制度をつくって運用しながら、事業者に過度な負担となることなく、ビジネスを自由に成長させ、都市のフードカルチャーを盛り上げる基盤をつくり、税金はきちんと徴収する。現在500ほどあると言われるポートランドのフードトラックは、そのようなバックアップによって支えられている。

*1 エースホテル：1999年に1号店をシアトルに開業。2006年にポートランドに開業した2号店が躍進のきっかけとなり、元祖ライフスタイルホテルとして世界中に展開している。
*2 フードトラック：車両改造型で自走するのが「フードトラック」、手押し車タイプが「フードカート」と呼ばれているが、ここでは「フードトラック」で統一する。
*3 ウォーカブルな街区スケール：ポートランドがウォーカブルシティとして発展した理由の1つには、その街区ブロックの単位があると言われている。市内の街区ブロックは200フィート四方、つまり約60m四方で構成されていて、道路間の距離はおよそ80m。これが100mを超える都市も多く、ポートランドは歩きやすいスケールだと評価されている。
*4 路上利用のルール：たとえば台北では街路の多くが夜市や朝市で埋め尽くされるが、営業可能な街路が市から指定されている一方で、非合法のものも多い。クアラルンプールも屋台の出店場所を市が管理しているが、同様に非合法のものが多い。

https://www.foodcartsportland.com/
Portland, OR, USA

1 ｜ 小さなカウンターでイートインも可能
2 ｜ ずらっと並ぶフードトラック
3 ｜ フードトラックのライトは夜の街を明るくする
4 ｜ 小さなワゴンタイプはトラックで移動
5 ｜ 楽しげな店構えを演出するメニューのタイポグラフィとステッカー

アジアの屋台

POP URBANISMの原型とも言えるのは、アジアの屋台やストリートマーケットだ。駅の周辺や大通り、観光地やオフィス街など、人が集まるところには必ず屋台が出て賑わいをもたらす。それらはその構成単位の小ささと可動性から、集まったり分散したり、商売に最適な時間と場所を探して自由に移動する。アジアのストリートで発見した、屋台の特徴的な行動パターンを5つ紹介したい。

サテライト

マレーシアのペナンで、ラクサ（カレーヌードル）を出す老舗の飲食店がある。本店は常に客で満席だが、100mほど離れた大通り近くの路上に「サテライト」として屋台を出して

いる。一般に飲食店の売上は席数に左右されることが多いが、屋台を使うことで簡単に売上を増やしたり、人通りの多い場所に出店して店舗をPRすることができる。

パラサイト

バンコクで最も屋台が集まるヤワラート通りでは、夜になると路上に多くの飲食店が並ぶ。それぞれの飲食店は歩道を客席として利用しながら、複数の屋台を並べて調理したものを客に提供している。客が夕食を食べ終えた頃になると、どこからともなくデザートやフルーツの屋台などが現われ客に声をかける。飲食店に「パラサイト」しながら、持ちつ持たれつの関係が成立している。

サテライト出店するラクサ屋台

シーフードレストランに寄生するデザートの屋台

毎日夕方に一斉に現れる台北の屋台の群れ

離散集合

タイではマンゴーなどフルーツを売る屋台が多く、常に営業場所を変えながら「離散」的に移動している。小さなワゴンで1〜2種のフルーツを販売するが、たまに路上にそうしたワゴンが「集合」すると途端にその通りが大きなフルーツショップとなる。

"Big Fruits Shop" and/or
"Independent Fruit shops"
<Multi Form>

離散集合を繰り返すフルーツショップ

インスタントシティ

台北ではあちこちの路上で夜市が開催される。もともと路上で行われていた闇市を政府が整理するため公設市場を建設して誘導しようとしたが、すでに市民の生活に定着しており

うまくいかず、ストリートのマーケットを準公設市場として（近年では観光市場として）追認してきたという歴史がある。その1つ、寧夏路夜市は、夕方になると、50以上の屋台が一斉に集まってきて20分程度で一気に「街」をつくる「インスタントシティ」だ。

ドライブスルー

無数の原付バイクで埋め尽くされるホーチミンの大通り沿いには、バイクに乗ったまま客が商品をテイクアウトできる「ドライブスルー」仕様の屋台が並ぶ。環境に順応して行動パターンが定着する例だ。

バイクの客を相手に商売をする屋台が並ぶ

Chapter

02

都市開発を
牽引する
フード
コンテンツ

FOOD-HAL-LEN

フードホールが大規模再開発の核となる

— アムステルダム

トラム操車場の再生

トラムの操車場をリノベーションし、2014年にオープンしたアムステルダム市肝煎りの巨大再開発プロジェクト「DE HALLEN (デ・ホーレン)」は、何棟も並ぶレンガ造の元操車場建物に、シアター、メイカーズアトリエ、クラフトショップ、ライブラリー、自転車ショップ、アートギャラリーなどが入る巨大な文化施設。その中央の棟を丸々リノベーションしたのが「FOODHALLEN (フード・ホーレン)」だ。

　19世紀にすでに貿易・工業で栄えていたアムステルダム初の公共交通は、1875年に運行が開始された馬のトラムだった。今日のトラムレーンの整備が始まったのが1900年、操車場は翌年の1901年に建設がスタートして1903年までに最初の5つのホールができた。その後も拡張を繰り返し、1928年には18ホールほどとなる。レンガの壁と光を室内に取り込む木造トラスの三角屋根の組み合わせは、アムステルダム・スクールとも呼ばれ、アムステルダム市内に多く見られる建築形式でもある。

　その後、別の地区に大きな操車場が整備されることになったため、この場所は次第に車庫としての需要は減り、工場や整備場としてのみ使用されるようになっていく。戦後に新しいトラム車両が導入されると、ここの整備環境は古びていき、最終的に1996年にGVB (公共交通機関) が撤退して整備工場としての役割を終え、一部倉庫として使用されながらもあまり活用されず、2005年に完全に閉鎖された。

再開発の契機となったスクウォッティング

その後しばらく使われていなかったこの場所が、2010年に若手アーティストや活動家のグループにスクウォッティング (不法占拠)*1 される。2010年1月31日の出来事だそうだが、実は同時期にスクウォッティングを違法化する法案が成立寸前であり、それもこの時期に占拠された一因と考えられる。

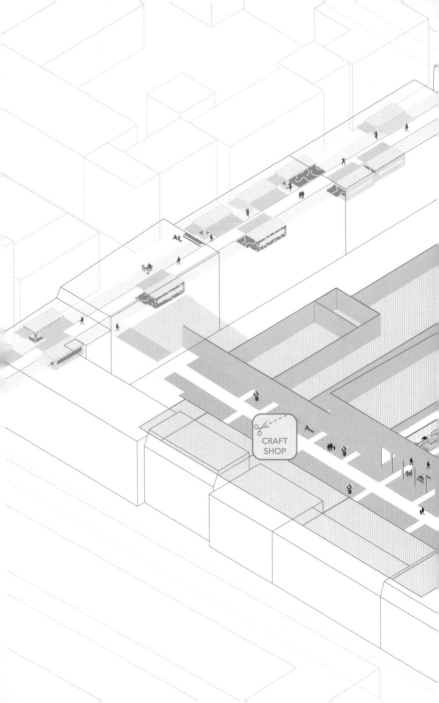

CRAFT
SHOP

　1960年代以降、世界的に人口が増加し、不動産投機が活発化して居住者のいない不動産物件が増加する一方で、産業構造の変化によって使われなくなった古い建物が放置された。当時はヒッピー・ムーブメントや反体制運動が高まっていた時期と重なり、オランダやドイツ、イギリスなどでは、そうした放置された建物に若者が住居として占拠したり、アーティストが活動の場として占拠するといったスクウォッタリングが運動化、市民権を得て広く流行した。不法ではあったが、住宅難、地価の高騰、弱者救済や政治的運動、カウンターカルチャー的文脈で合法化されてきたという歴史がある。

　オランダではそれが2010年に再度非合法化されることになり、非合法な占拠状態を避けるために、急遽、建物を「使う」意思を示す必要が生じ、この旧操車場を活用する計画が立てられることになった。再開発とその後の運営を担う会社Tram Depot Development Company（オランダ語でTramremise Ontwikkelings Maatschappij、通称TROM）が設立され、急ピッチで再生計画と設計が行われ、2013年から工事に着手、2015年2月にグランドオープンした。

文化施設の集合体が人を呼ぶ

1903年に建てられたレンガ造の操車場建物5棟がそれぞれ、ライブラリー、シアター「De FilmHallen」、「FOODHALLEN」、スタジオ・ギャラリー、デニムのワークショップ「Denim City」として再生され、パッサージュと呼ばれる通路が5つの棟をつなぐ。

　中央のFOODHALLENには、大勢の人で賑わう天井の高い大空間が広がり、オープンなバーカウンターを囲むようにテーブル席がずらっと並ぶ。両サイドの壁沿いには、1区画間口5m×奥行き3mの15㎡程度の飲食ブースが21ユニット並び、さまざまな料理を楽しむことができる。施設の壁際にフードスタンドが並ぶのはレイアウトとしては典型的だが、各ブースの配置をずらしたり、

高さを変え、植栽やサインなどもうまく配置して、空間の抑揚をつくっている。客席も、中央は可動のテーブルと椅子が並んでいるが、エントランス付近は固定のハイテーブル、奥は固定のベンチ・テーブル、中2階は丸テーブルやバーカウンターやソファなどでよりリラックスできる飲食スペースに設えられ、利用シーンによってさまざまな居場所を使い分けることができる。

　床にはトラムのレールを残してデザインされ、建物の持つ記憶をさり気なく取り入れる。それぞれのブースで料理を注文し、キャッシュレスで支払い、レシート番号やブザーで商品を受け取るオペレーションを採用している店が多い。

　アムステルダムのFOODHALLENが連日多くの人が集まるホットスポットになったため、2018年にはロッテルダムとハーグにも施設を拡大した。また、DE HALLENのエントランス付近の街路には、多くのキッチンカー・販売トラックで賑わうウィークエンドマーケットが出現するようになった。地域の価値を上げる複合的な文化施設に人が集まることで、施設外にも波及効果が生じ、結果的にエリア全体の価値が上昇する。そういった開発が、紋切り型の商業やオフィスではなく文化施設によって牽引されていることが特徴的で、その中心のフードホールが、人々の集いの場として、いわば現代的な都市の広場として機能している。

*1 スクウォッティング：使われていない建物を不法占拠すること。オランダでは戦後の空き家増加と60年代からの住宅不足を背景に増加し、1971年に不法占拠者に対しても居住の権利を認める判決によって法的根拠を得て事実上合法化され、1994年の法改正で1年以上人が住んでいない住居であれば占拠して使用することが認められた。しかし2010年に再度非合法化された。

https://foodhallen.nl/
https://dehallen-amsterdam.nl/
Bellamyplein 51,1053AT Amsterdam, Netherlands

1 ｜ 固定のハイテーブルもあれば可動のロー
テーブルもある、多様な居場所
2 ｜ オープンカウンターで調理を見せるのが主流
3 ｜ アトリエやシアターなど多様な業態の集まる
DE HALLEN
4 ｜ 元トラム操車場の長細い構造を活かした、
人々の集いの場

MER-CATO METRO-POLI-TANO

食のビジョンを体現するイタリア系コンセプトマーケット

—
ロンドン

共感を呼ぶコンセプトやストーリーで集客

ロンドン南部、エレファント&キャッスル地区に位置する製紙工場群がリノベーションされ、フードカルチャーに関するコンセプトを重視したイタリア系マーケット「MERCATO METROPOLITANO（メルカト・メトロポリターノ）」として再生された。2015年のミラノ万博で生まれたこの施設は、会場内の廃駅をリノベーションした巨大フードホールで、4カ月の会期中に200万人を集め、800万ユーロ（約11億2千万円）を売り上げて大成功を収めた。そこで2016年にロンドンで再オープンすることになる。以前は治安が悪い地区だったが、2000年頃からイギリスの建築家ノーマン・フォスターのマスタープランで大規模な開発計画が進行し、エリアの価値が刷新された。MERCATO METROPOLITANOはこの地区で進行する24の公的プロジェクトの1つである。

　細い路地状のエントランスを入ると、奥には製紙工場をリノベーションした約4000㎡の広大な空間が広がる。複数の棟をつなぐフードホールと、スーパーマーケット、グラフィティの壁面が印象的な屋外席、イベントスペースなどからなる。フードホールには、のこぎり型の屋根のトップライトから明るい光が降り注ぎ、黄色や赤色に塗られた木のテーブルやベンチと多数の飲食ブースが並ぶ。元はイタリア料理中心だったが、最近はよりコンセプト重視となり世界中の食品・飲食店を扱うようになったようだ。

　MERCATO METROPOLITANOはスローフード[*1]をベースに、自然食材や地域性を重視し、職人や生産者を大事にし、生産地から食卓までの経路を明確にし、リサイクル、サステナビリティ、インクルーシブなどのコンセプトを掲げる。SDGs[*2]にも言及しながら、食が、食料供給の問題でもあり、生産過程で環境に与える影響の問題でもあり、巨大なサプライチェーンを構成する社会的な問題でもあり、大きな循環の中の重要な「点」であることを強く意識させる。ワークショップを頻繁に開き、教育プログラムを展開して「アカデミー」まで設置し、教育機関や企業、行政

と連携して、レクチャー、学生の受け入れ、企業とのジョイント・リサーチ等を積極的に行っている。

　2017年には930万ポンド（約14億8千万円）、2018年には1560万ポンド（約24億9千万円）を売り上げ、絶好調のままロンドンのメイフェア地区に2号店をオープンし、2023年現在ロンドン市内に4店舗を構える。共感を呼ぶコンセプトやストーリーが人を集める今の時代、食を通じて思想を語り、拡大を続けている。

*1　スローフード：ファストフードに対抗し、地域性や伝統的な食文化、地産地消、有機農業などを取り戻そうという思想・運動。イタリア北部、トリノ郊外の街ブラで1986年にカルロ・ペトリーニによって提唱され、世界的に広まった。
*2　SDGs：Sustainable Development Goalsの略で、2015年国連サミットで採択された2030年までの持続可能な開発目標。貧困、教育、ジェンダー、水、エネルギー、まちづくり、安定的な食糧供給など17の項目からなる。

https://www.mercatometropolitano.com/
42 Newington Causeway, London SE1 6DR, UK

1｜細い路地の奥に元製紙工場を活用した広大なマーケットが広がる
2｜明るい光が差し込むのこぎり型屋根の下に木製の店舗ブースを雁行型に配置し、さまざまなタイプのテーブルや椅子を設えて空間のバリエーションを出している
3｜既存壁面のグラフィティをうまく残しながらバーや屋外席を設置

2

3

MAT-HAL-LEN

街のような
商業施設をつくる
ヒューマンスケールの
集積

—

オスロ

再開発地区の旧鉄工所をマーケットに再生

「MATHALLEN（マットホーレン）」は、オスロの再開発地区にある飲食店とフードマーケットが一体となった同国最大級のマーケット。オスロ中央駅から10分ほど北に歩くと、グラフィティに覆われた建物が並ぶインダストリアルなエリア、グルーネルロッカ地区に辿り着く。大通りから路地を少し入ると、アーティストが活動するアトリエやギャラリー、シアターのほか、バーやクラブ、カフェが並び、夜に若者たちが多く集まる感度の高いエリアだ。デザイナーズプロダクトやビンテージファッションのブティックなども軒を連ね、その先には新築の集合住宅、ホテル、オフィスなどが並ぶ再開発エリアがある。このエリアの中心部にある古い赤レンガの建物が、地域の生活を担うマーケットとして2012年にリノベーションされた。

　1908年に建設された赤レンガの建物は、もともと鉄工所として使われていた。1950年代に鉄工所が郊外に移転してからは、一部オフィスとして使われるのみでほとんど廃墟だったという。2000年代にエリアの再開発が始まり、その一環としてこの旧鉄工所をリノベーションするプロジェクトが始まった。設計はオスロを拠点とし、100人ほどの建築家やエンジニアを抱えて大規模なプロジェクトを手掛ける設計事務所LPO Arkitekterによる。

パブリックな屋内広場としてのマーケット

屋内は、三角屋根で覆われた大空間が広がり、トップライトから光が降り注ぎ、天井高は15mを超える。中央の吹き抜けを取り囲むように2階のフロアが回る構成で、旧鉄工所のプランをそのまま活かした形でリノベーションされた。1階外周部に大小さまざまな30ほどの店舗が並び、中央には飲食ブースと、人々が自由にくつろぐことのできるテーブルスペースが互い違いに配置される。

　食材販売店と飲食店が混在し、中央のテーブル以外にもあち

1 ｜ 天井の高い大空間が地域のマーケットに
2 ｜ クラブやバーが集まるヒップなグルーネルロッカ地区
3 ｜ 赤レンガの元鉄工所のファサードを1面だけリニューアル

こちに座席があり、買い物にきた地元住民も、食事目当ての観光客も、友達とただ喋っている若者も、子供連れの家族客も、コーヒーを飲みながら打ち合わせするビジネスマンもいる。さまざまな人を受け入れるパブリックスペースだから、1企業が店舗運営するのではなく、細分化・個人商店化され、チーズやワインの専門店、農家による野菜販売、サンドイッチも食べられるサラミ専門店、アイスクリームの専門店、タパスバーといった多くの専門店が集まる。こだわりの専門店が集積し、多様な目的を持つ人を呼び込む、まるで「街」のような空間[*1]である。席に座ったから何かを注文しなければならないという堅苦しさはなく、人々は道路や広場を歩くようにふらりと建物に入ってくる。そしてマーケットを散策しながら、一休みしたり、チーズを試食しながらワインを飲んだり、思い思いに過ごしている。

　店舗ブースは、鉄骨の基本フレームの中に、それぞれが家具や什器を設えてつくられる。店舗やオープンスペースの頭上にはいわゆる「ブドウ棚」と呼ばれる照明や設備機器を吊るフレームがぶら下がり、装飾などにも活用されている。

　各店舗は通常のテナントビルと同様に、それぞれ設計・施工されるため、材料や造りはバラバラで、食器や看板、メニューなども店舗ごとに異なる。どの店舗の設えも洗練されており、カウンターに腰かけて食事をするにも居心地が良く、食材販売のディスプレイも気が利いていて個性が出ているが、そうした個性的な店舗を覆う大屋根、グラフィック、フレーム等のエレメントが一体感を生み、祝祭性すら感じさせる。2階にも飲食店や雑貨店が並び、ホールを見下ろす視点が提供されるのも、空間体験をより豊かなものとしている。

　屋内外を隔てることなくパブリックスペースがつながり、小さな専門店が集積して来訪者との接点を増やすことで商業性を生みだす。大規模な再開発地区の中心で、ヒューマンスケールな都市を実現する役割を、小さな店舗の集合体が担っていた。

不動産デベロッパーの功績

MATHALLENを手掛けたのはAspelin Rammという不動産デベロッパーで、MATHALLENを中心とするヴァルカンエリアの複合的なエリア開発を担い、デザイン性の高い集合住宅や商業施設、ホテルや歩行者専用街路など、非常に洗練された都市空間を実現している。彼らは他にも、イタリアの建築家レンゾ・ピアノを起用した再開発プロジェクトをはじめ、さまざまなデザイナーを起用して都市開発を手掛けており、デザインやカルチャーに対する意識が高い。どのプロジェクトも、デザインコンシャスで都市に対する強いビジョンを持って取り組む。

　近年、オスロでは大規模開発が急速に進行しており、個性的なデザインのビルが乱立する様子は批判的に見ることもできるが、新しいデベロッパーが育つ土壌があるとも言える。経済一辺倒の開発ではなく、土地の価値を上げることを目指した優れた開発も多い。

　日本でも、昔のような地上げと高層ビルの画一的な開発だけでなく、エリア全体の価値を上げる優れた都市開発も増えてきたが、都市をつくるという一大事業において、優れた発注者としてのデベロッパーの重要性も感じさせられるプロジェクトだ。

*1 街のような空間：昔ながらの商店街は、間口の狭い小さい専門店の集まりだからこそ、人と店舗の接触回数が増えるが、近代的なデパートやモールのテナントシステムでは小さくても6m程度の間口が求められるため、接触回数が半減する。小さいものが集まること、誰でも歩き回れることが満たされると、必然的に空間は「街」のようになる。

https://mathallenoslo.no/
Vulkan 5, 0178, Oslo, Norway

1 | 通路幅を確保しつつ、各店舗のはみ出し部分を黄色のラインで床に明示
2 | 商品は箱ごとディスプレイ
3 | 大空間の1階外周部に30ほどの店舗、中央に飲食スペースを配置し、多様な居場所を演出
4 | 階段室のグラフィックが空間を切り取る
5 | テーブル席のインテリアや食器類も洗練されている

CHEL-SEA MAR-KET

ボトムアップな都市再生の核となったフードマーケット

——
ニューヨーク

食肉工場跡地をヒップなエリアへ再生

「CHELSEA MARKET（チェルシー・マーケット）」は、ニューヨークのミートパッキング・ディストリクトにあるフードマーケットだ。ハイライン沿いの元ナビスコ工場ビルの低層階に、さまざまな種類の飲食店、雑貨屋やファッションブティックなどが混在し、多くの人が集まる地域の核とも言える存在だ。小さな飲食店の集合体としてのフードマーケットが人々の集まる場になった、その先駆的存在とも言える。

　ミートパッキング・ディストリクトは、1880年代から食肉工場と屠殺場が集まって栄えたマンハッタン西端の地区である。現在のハイラインとなる前の、廃止されたウエストサイド線を利用して流通網が形成されていたが、1960年代から鉄道による貨物輸送が減少し、冷凍技術なども進歩して、食肉工場が郊外に移転していった。地区の主産業が衰退するなかで地区が荒廃し始め、1980年頃には犯罪・ドラッグ・セックスクラブ・マフィアの巣窟などと言われるようになる。その後、90年代後半になると、都市の湾岸部や、産業構造の変化によって空いた工場地帯における都市再生の機運が高まり、一転してハイエンドなファッションブティックやヒップなレストランなどが入り込むようになる。1997年にオープンしたCHELSEA MARKETは、治安の悪かったエリアをオシャレな街へと変え、このエリアの再生を牽引した。

1街区をまるごとマーケットに転用

ハイラインに接した元National Biscuit Company（現ナビスコ）の建物は、四周を通りに囲まれた全長約200mに及ぶ1街区がまるごとビルになっている。上階にはFood Networkという食専門のテレビ局が入り、現在はGoogleの持ち株会社Alphabetが所有している。その歴史ある建物の地上階（地下もある）には、新鮮なシーフードとロブスターが売りの店、地中海料理、フレンチ、イタリ

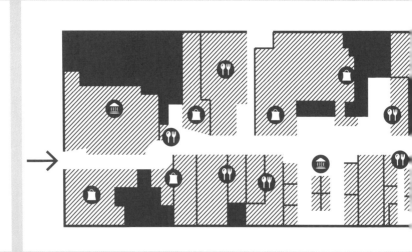

1街区まるごと工場だったビルに50店舗が入居

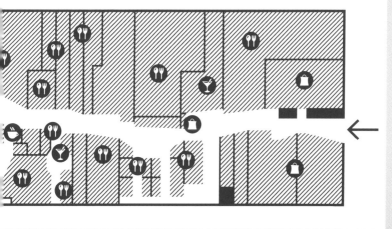

アン、ドイツ、インド、中国、韓国、寿司、ハンバーガー、ステーキ、カフェ、ドーナツ、ベーカリー、バー、アイスクリームなどの店舗が50軒ほど並び、年間600万人の来訪者があるというニューヨーク最大の観光地でもある。

　特徴的なのが、プランがよい意味でぐちゃぐちゃ*1で、それぞれの店舗のサイズにかなり差があり、多くの店舗が入れ子構造のようになっている点だ。中央の通路を歩いていくと両側に店舗が並ぶ構成だが、すべての店舗が中央通路に面しているわけではなく、大きい店舗の中でいくつかのブースに分かれていたり、小さい店舗を集めたフードコートのような場所があったりする。メインストリートを中心に路地が入り組み、その路地でさまざま店舗と出会うといった、極めて都市的な空間なのだ。飲食できる店が多いが、物販だけの店もあり、その形式も、内容も、大きさもバラバラで面白い。加えて、飲食店の間にアートギャラリーや雑貨店、ファッションブティック、花屋、ワイン販売店や床屋など多様な業態が混在しているのも、また都市的である。

　たとえば、店内の中ほどで大きな面積を占める「The Lobster Place」に入ると、大きなカウンターテーブルが2つあり、1つでは寿司、もう1つではシーフード料理を出す。奥にはロブスターを食べられるカウンターがあり、クラムチャウダーなどのスープやシーフードも販売している。ここで食べてもいいし、料理をテイクアウトもできるし、食材を買って帰ることもできる。このような大きな店舗もあれば、100坪程度の区画に屋台のような小さなユニットを8つ程度並べて営業する場所もある。そんな多様性とぐちゃぐちゃ感が、都市の盛り上がっているエリア特有の、ここに来れば何かに出会えるのではないか、という高揚感を感じさせてくれる。

ボトムアップなジェントリフィケーション

ミートパッキング・ディストリクトの再生は、行政やデベロッパーによる面的な再開発ではない。もともとあったナイトクラブカルチャー

や、危険だけどイケてる街に店を出すのが面白いといった、ヒップスターたちによるインディペンデントでボトムアップな開発が、地区の個性を失うことなくある種のブランディングに成功した。

　ニューヨークで1960年代に移民労働者の街として栄えたソーホー地区が、工場移転に伴って荒廃した後、アーティストが移り住みアートの街として再生された一方、1990年頃になると地価が高騰し、観光客も増え、アーティストや感度の高い層がチェルシーへ移ったと言われている。トライベッカやハーレム、ロウワー・イーストなどでも同様の現象が起こり、2000年代はブルックリン・ウィリアムズバーグへ、さらに近年はブッシュウィック、さらに別のエリアへ…といったようにホットなエリアが次々に変遷*2している。ジェントリフィケーションは、地価が上昇することでもともといた住民が住めなくなるといった負の側面も大きいが、エリア再生を繰り返すことで都市を成長させるといった側面では有効である。CHELSEA MARKETは、当地区の都市再生を推し進めた先駆者であった。

*1 ぐちゃぐちゃなプラン：商業施設は、テナント専有部と廊下である共用部で工事区分が異なるためはっきりと線引きがされ、その結果、廊下を囲んで店が並ぶという形式に陥りがちだ。一方で、既存建物をリノベーションした計画では、廊下は曲がり、区画の大きさもバラバラで、1つの区画の中に複数の店舗が集まるような入れ子構造を可能とし、境界も曖昧になる。そうした複雑な構造がむしろ空間の回遊性や多様性を引き出し、空間体験を豊かにしてくれる。
*2 ホットなエリアの変遷：時代によってファッションや文化が変化するように、都市もその鮮度を保つために、ホットな地域や流行が移り変わっていく。そこに乗りすぎて短期間で消費されることなく、一方で適切に役割を交代しながら、新陳代謝していくことが求められている。

https://www.chelseamarket.com/
75 9th Avenue, New York, NY 10011, USA

1｜それぞれの店舗のテーブル席が中央通路にはみ出す
2｜1つの区画内に小さな店が入れ子状に並ぶ
3｜ショップ・イン・ショップであちこちに人の居場所をつくる
4｜シーフード店の中に複数の飲食カウンターと鮮魚販売ブースが混在する

MER-CADO LITTLE SPAIN

オールスペインの料理・空間で巨大開発を攻める

ニューヨーク

ハドソンヤードのスペインカルチャー発信拠点

ニューヨークで進んでいる再開発プロジェクトの中でもアメリカ史上最大規模と言われるハドソンヤードは、延べ床面積118万㎡にも及び、16の超高層ビルを建設している。ハイライン[1]のスタート地点でもあり、トーマス・ヘザウィック設計のVesselや、ディラー・スコフィディオ＋レンフロ設計の建物を覆うシェルが動くShedなどが注目される。VesselとShedの向かい、52階建ての10 Hudson Yardsと、もう1つの超高層30 Hudson Yardsをつなぐ商業施設20 Hudson Yardsの1階に広がるのが、スペイン料理を大々的にフューチャーしたフードホール「MERCADO LITTLE SPAIN（メルカド・リトル・スペイン）」である。

　アメリカにおけるスペイン料理界のパイオニアであり、ミシュラン2つ星の「minibar by José Andrés」を含む30以上のレストランを仕切る有名シェフ、ホセ・アンドレが、スペインの伝説的レストラン「El Bulli（エル・ブジ）」のフェラン・アドリアとその弟アルベルト・アドリアと共につくりあげた。ホセ・アンドレはシェフとして成功した後、活動を拡大するため「Think Food Group」というチームを立ち上げ、世界中にスペイン料理のカルチャーを広めていて、ここもそのプロジェクトの1つ。飲食業界のグローバル化も相当進んでいるようだ。

　3255㎡のマーケットの中に20近くの店舗が入る店内は、真っ赤なロゴサインとさまざまな柄のタイルやファブリックなど非常にPOPなデザインが施されている。それぞれの店舗ブースの仕上げはまったく異なるが、1つのブースが複数の柄のタイルを使用することで、一体感を創出するような仕掛けである。店舗の配置も巧みで、突き当たりに店舗を配置してアイストップをつくったり、店舗をずらして広い空間を生みだしたりしている。

　インテリアデザインは、バルセロナを拠点とする設計事務所Capella Garcia Arquitecturaの設計で、空間と融合したグラフィックデザインは、ニューヨークのCMYKというインタラクティブ系

のグラフィックデザインチームが手掛けた。ラインドローイングで描かれたユニバーサルなアイコンが特徴的だ。壁面のミューラルはスペインの3つの異なる地方のグラフィックカルチャーを反映したもので、3人のスペイン人グラフィックデザイナーが制作した。

　料理や空間だけでなく、グラフィックや家具等のデザインにもスペイン出身のメンバーを起用することで、背後にある強いストーリーを感じさせる。このような攻めた業態が、超巨大高層開発のメインテナントの1つに位置づけられていることが、今のアーバニズムの流れを示していると言えるだろう。

*1　ハイライン：高架の廃線跡を再開発した細長い空中公園。都市の裏を表に反転し、新しい公共の空地を創出、観光スポットとなったことで周辺の土地の価値を一気に高めた。ハドソンヤードの広場はハイラインと一体化している。

https://www.littlespain.com/the-mercado/
10 Hudson Yards, New York, NY 10001, USA

1｜ハイラインとも接続する2階レベルの広場からもアクセスできる
2｜色彩やサイン・什器や素材が統一的にデザインされ「スペイン感」を出す
3｜目を引く食材のディスプレイ

TIME OUT MAR-KET

世界的メディア企業が グローバル展開する フードコート

ニューヨーク

マンハッタンを望む巨大倉庫のリノベーション

ニューヨーク・ブルックリンのダンボ地区は、マンハッタン島対岸の治安の悪い倉庫街だったが、近年は洗練されたホテルやブティックなどが増え、活性化している。当地区で廃墟化した巨大な港湾倉庫をリノベーションした「Empire Stores」のキーテナントとして2019年に誕生したフードホールが「TIME OUT MARKET（タイムアウト・マーケット）」だ。世界的なメディア企業Time Outが事業の多角化でマーケットを立ち上げ、2014年のリスボンを皮切りに世界各地で出店を続ける。

　Empire Storesの1階と5階にTIME OUT MARKET、2〜4階はオフィスやミュージアム等が入る。中庭と屋外階段がそれぞれの階をつなぎ、古いレンガの外壁と新しい鉄骨の構造の対比が鮮やかだ。1階は約2200㎡の巨大な空間に21店舗が入居する。店内は細長いオープンなキッチンカウンターが数列並び、調理の様子を見ながら食べるライブ感を楽しめる。5階にはブルックリンブリッジを望むテラス席と、DJブースやソファ席などがある落ち着いたフロアが広がる。

　ドリンクはTIME OUT BARが販売し、各店舗はドリンクを売らない。注文や会計、食事の提供は各店舗のカウンターで行い、下膳や清掃はTime Outのスタッフがまとめて行う。シンガポールのホーカーセンター[*1]やマレーシアのコーヒーショップ[*2]等と同じ様に、オーナー側が利益率の良いドリンクを販売しながらホールサービスを引き受け、店舗側は調理に専念し、最先端の食事を提供する。

*1 ホーカーセンター：シンガポール政府が、屋外での屋台営業を禁止する代わりに、市内に100カ所以上整備した公営フードコート。
*2 マレーシアのコーヒーショップ：ホーカーセンターの民間版で、施設に多数の屋台を集めて営業するマレーシアで独自に発達した業態。

https://www.timeoutmarket.com/newyork/
55 Water Street, Brooklyn, NY 11201, USA

1 | 港湾倉庫の開口をそのまま利用した特徴的なファサード
2 | 中庭を介して5層にわたって店舗が並ぶEmpire Storesの1階と5階を占めるマーケット
3 | 外周部の屋外席
4 | ロングテーブルと飲食カウンターが交互に並ぶ

13

EAT-HAI

高級ショッピングモールが仕掛ける現代化された屋台文化

— バンコク

屋台とショッピングモールの都市、バンコク

バンコクは、街中のあらゆるストリートに屋台が溢れる屋台の聖地であり、同時に中心部のスクンビット通り沿いを中心に数十のショッピングモールが並ぶショッピングモール都市でもある。東南アジアでは多い形式だが、暑さを避けて屋内ですべての買い物が完結するようなモールが、都市の商業を形づくる。ゆえにモール間に強い競争原理が働き、平面計画的にもデザイン的にも、さまざまな趣向が凝らされる。

なかでも2014年にオープンした「CENTRAL EMBASSY（セントラルエンバシー）」は、イギリスの建築家アマンダ・レヴェット設計による、現代的で洗練されたショッピングモールである。天井の高い空間に、中央の吹き抜けを囲んで高級店舗が配置され、低層部には商業店舗、タワー部には高級ホテル「パークハイアット」が入る。全体的に客単価の高いブランド店舗が多く、バンコクの中でも特に高級志向だ。そんな高級モールの地下1階に、ストリートフードを集めたフードホール「EATHAI（イータイ）」がある。タイの伝統文化である「屋台」が現代的にデザインされ、洗練されたタイのストリートフードを楽しむことができる。

そもそも、ショッピングモールが立ち並ぶバンコク中心部の高架鉄道スカイトレイン（BTS）沿いは、高架となる駅のコンコースがスカイウォークで接続され、その2階レベルからモールに直接アクセスする。そのため、モールはストリートレベル（グランドフロア：GF）と、BTSレベルの2階（タイではGFの上が1階となる）と二つのエントランスを持つことになる。そのせいもあるが、通常ショッピングモールでメインとなるハイブランドはBTSレベルに配され、ストリートレベルが飲食に割り当てられることが多い。

タイには50〜100バーツ（約190〜380円）程度で飲食を提供する屋台がいたるところにある一方で、同国を訪れる観光客や富裕層も多いため、ハイクオリティで高価格帯の飲食も同時に求められる。特にバンコクには、飲食店、ホテル、ファッション、マー

ケット、サービスなどあらゆる分野で、激安から超高級まで揃っている。50バーツの屋台料理から、ミシュラン星付きイノベーティブ・タイ料理まで楽しめる都市・バンコクの高級ショッピングモールで求められたのが「ローカル屋台」の高級化と言ってよい。

　EATHAIには12の屋台があり、伝統的な屋台を模しながらも色彩やデザインを統一させ、それぞれのブースがキッチンとカウンターを設けて質の高い食事を提供する。食欲をそそる食材のディスプレイも巧みで、調理する食材を料理人の目の前で見て選ぶような、ストリートの屋台っぽさを巧みに演出した質の高いテーマパーク性が売りだ。

　EATHAIは、ストリートフード・シティと、ハイクオリティのサービス・シティという二面性を持つバンコクの魅力を体現した、ショッピングモール内の高級ストリートなのだ。

---

https://www.centralembassy.com/store/eathai/
1031 Phloen Chit Road, Lumphini Pathum Wan, Bangkok 10330, Thailand

---

1 ｜ 流線形の空間が特徴的な高級ショッピングモールの地下にマーケットが入る
2 ｜ 色彩やデザインが統一された12の屋台がキッチンとカウンターを設けて食事を提供 [出典：EATHAIのHP]
3 ｜ タイのカルチャーを上品に再現した店内ディスプレイ
4 ｜ 食材のディスプレイやストリートの屋台の模倣が新鮮なデザイン

3

4

14

THE COM- MONS

街に開かれた、 道路の延長のような 商業施設

バンコク

屋内外を溶かすテラス、踊り場、大階段

バンコクの中心部トンローは、夜中まで営業するバーやクラブ、飲食店が並ぶエリアで、スカイトレイン（BTS）の駅から離れた地区に夜な夜な若者が集まってくる。「THE COMMONS（コモンズ）」はタイの設計事務所Department of Architectureが設計した、大階段が特徴的な屋外型の商業施設／パブリックスペースだ。地上階にフードホール、上階に店舗などが入る。座れるテラスや踊り場、植栽などを巧みに配置しながら3階まで続く大階段が、道路の延長のような感覚で訪れる人々を上階に誘う。

熱帯のタイでは、人々は冷房の効いた屋内を好み、店舗は冷房を効かせてもてなすことを売りにする。ストリートで営業する屋台も日差しを避けるパラソルを常備している。THE COMMONSは上階のスラブが大階段を覆うことで日陰を生み、テーブルや椅子と共に扇風機も置かれ、心地の良い屋外空間を生みだしている。

地上階のフードホールには道路からも大階段からもアクセスでき、クラフトビール、BBQ、メキシカン、シーフード、ホットチキン、グリル、抹茶バーなどの飲食店が、ダクトや配管が剥き出しの天井高5mほどの空間の中に凸凹に配置される。それぞれ素材も看板も異なるが、一様に質の高いデザインでわくわくする空間だ。

大階段を上った上階にもカフェやコワーキングスペース、吹き抜け越しの半屋外のテーブル席など、あちこちに居場所がある。とても現代的でセンスの良いサイン・グラフィックや植物等と、ラフに積み重なったコンクリートのスラブがミックスされる様が心地良い。屋内と屋外、日向と日陰、構築物と自然環境、ラフさと洗練さ、それらが巧みにバランスされた、タイならではの空間が実現されている。THE COMMONSは話題となり、2店舗目もオープンした。

https://www.thecommonsbkk.com/
335 Sukhumvit Road, Thong Lo 17 Alley, Khlong Toei Nuea, Watthana,
Bangkok 10110, Thailand

1 | エントランス階段にもテーブルを出して居場所となる
2 | 大階段とステップフロアで屋内外が一体となる
3 | 屋外の階段と店舗が一体化するような空間構成
4 | 個性的なサインのグラフィック

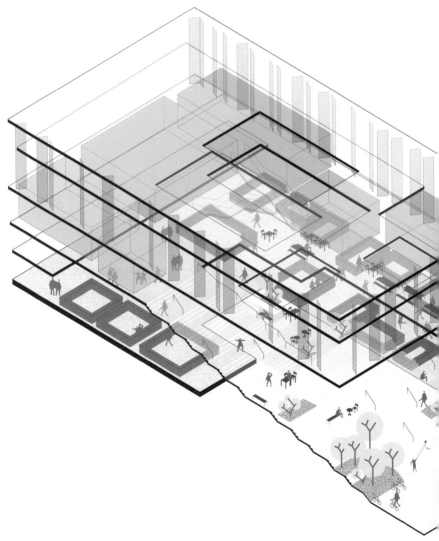

COMMON GROUND
COMMUNAL AREA

COM-MON GRO-UND

青いコンテナを
積み上げた
マーケットが
都市再生を牽引

ソウル

インスタ映えするコンテナが人を呼ぶ

ソウルの南東部に位置する建国大学校のキャンパス付近、地下鉄の建大入口駅に2015年、200のコンテナを積み上げたマーケット「COMMON GROUND（コモン・グラウンド）」が誕生した。積み上げられたコンテナはすべて青に塗られ、広場や屋上テラスを立体的に取り囲み、大勢の若者が青いコンテナを背景に写真を撮ってインスタグラムに上げる。コンテナの塊の中には約70の店舗が入り、1・2階は洋服、雑貨の店舗とDJブース、3階のテラスは飲食主体だ。飲食フロアの一部のコンテナがロフトになっていて最大4層のコンテナが積み上げられ、地上レベルにもフードトラックなどが並ぶ。

　青いコンテナ群は、地上の中庭を囲んで大きく2つのブロックに分かれ、3階のテラスのブリッジで接続される。地上の屋外部分は3方向を青いコンテナに囲まれるような構成で、それが外界を適度に遮断し、独自の世界観を持つ都市空間が実現されている。

　各エリアは、雑貨がメインの「STREET MARKET」、ファッションブランドやサブカルチャー系の店舗が多い「MARKET HALL」、地元で人気の飲食店がポップアップを展開する「TERRACE MARKET」、中庭にフードトラックやテーブルを並べイベントも行われる「MARKET GROUND」と、すべてMARKETをコンセプトにした名称がつけられているのもユニークだ。

　このエリアは、隣接する聖水洞（ソンスドン）がオシャレカフェのメッカとなる（コラム04参照）まであまり注目されてこなかったが、COMMON GROUNDのオープン以降、観光客も集まるようになった。少し離れたエリアに翌年、同じようなコンテナを利用した商業・文化施設「UNDER STAND AVENUE」もオープンするなど、トレンドが派生していく。鮮やかなコンテナの集積が、周辺のエリアも巻き込んだ都市再生の起爆剤となろうとしている。

https://www.common-ground.co.kr/
200 Achasan-ro, Gwangjin-gu, Seoul, South Korea

1 | 青いコンテナ群は2つのブロックに分かれ、3階のテラスのブリッジで接続
  [出典：COMMON GROUNDのHP]
2 | 象徴的な赤いコンテナをDJブースとして設えて音楽を発信
3 | 屋上階にはコンテナの飲食店が並ぶ
4 | 広場をつくる青いコンテナが、人々を引き寄せるアイキャッチとなる
5 | コンテナ2層分の空間にさまざまなショップが入る

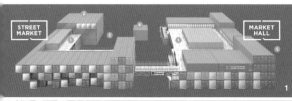

4

3

ポップアップストア

ポップアップストアの流行

「ポップアップ」「ポップアップストア」という概念は、2002年、ロンドン・チェルシーの大手スーパーがクリスマス商戦で埠頭に船を浮かべ仮店舗を開き、客の注目を集めたのが始まりと言われている。またファッション業界では、コム・デ・ギャルソンが2004年にベルリンで初めて期間限定のポップアップショップを開いたことが話題となり、そのコンセプトが広く知られるようになった。期間限定かつ実験的な出店方法とその拡散のされ方が、SNS時代のバズ・マーケティングの原点とも言われる。

　ポップアップストアに特化したプラットフォーム型サービスのPopUp Republic（PUR）によると、大小さまざまなポップアップストアの業界規模は2020年時点で、世界で推定500億ドル（約6.5兆円）にもなり、今では幅広い商業において一般的になった。

都市を仮設・移動で変革するという概念の変遷

このようなポップアップ的な概念を都市の理論に援用しようとした建築家に、アーキグラムがいる。1961年にピーター・クック、ロン・ヘロン、ウォーレン・チョークらイギリスの建築家たちによって結成されたアーキ

イタリアのファッションブランド、ドルチェ＆ガッバーナがロンドンで出店したポップアップストア
[出典：Evening StandardのHP]

グラムは、消費社会やポップカルチャーと建築・都市を結びつけ、都市ごと移動する「ウォーキング・シティ」、ユニットを交換することで変化し続ける「プラグイン・シティ」、気球や飛行船で常に場所を変える「インスタント・シティ」といった空想的なプロジェクトを多数発表した。彼らの提案は、既存の凝り固まった都市をいかに変化させるかという思考実験に溢れていた。そして一見まったく新しいユートピア思想のように見えるが、実は既存の都市の課題を前提に発想されている。都市間を（都市が）移動したり、既存の都市と合体したり、一定期間だけ立ち現れたりして、それ単体では成立しないが、固定した都市に対してポップアップすることで風景や生活を劇的に変える装置としての提案だ。

同時期の日本で黒川紀章らによって提唱されたメタボリズムも、いかに都市が新陳代謝するかが議論の焦点であり、アメリカの建築家バックミンスター・フラーのジオデシックドームなども、移動・交換可能で仮設的な建築でいかに都市をつくれるかという実験的取り組みであった。

1960年代という時代背景にも後押しされ、世界各地で都市の閉塞感を打開するアイデアが思考されたのは偶然ではないだろう。20世紀の都市の発展が一段落し、そこで生じたさまざまな課題を仮設的なもので解決しようとした。その後、世界的な経済成長に押され、仮設的につくることのメリットが失われ、世界各地で都市化が加速する時代となった。そのおよそ半世紀後の2010年代以降、世界的な景気後退をきっかけに、再度仮設的なるものの価値が高まってきているのだ。

アーキグラムの発表した「Instant City」
[出典：森美術館編『アーキラボ：建築・都市・アートの新たな実験』平凡社、2004年]

Chapter

03

都市の隙間で
発明される
クリエイティブ
な使い方

SOUTH-BANK CENTRE

ハイアートと
ストリートカルチャー
が融合する
複合文化施設

ロンドン

ブルータリズムの公共建築に突き刺さるコンテナ

「SOUTHBANK CENTRE（サウスバンク・センター）」は、ロンドン中心部、テムズ川の南側（サウスバンク）に位置し、ロイヤル・フェスティバル・ホールやヘイワード・ギャラリーといった歴史あるコンサートホールや美術館から構成される複合文化施設だ。設計を主導したのは、ロンドン州議会のノーマン・エンゲルバックで、1950年代から建設され、アーキグラムのロン・ヘロンとウォーレン・チョークも一部設計に携わった荒々しいコンクリート造のブルータリズム建築が特徴的だ。建物の老朽化に伴い、2010年頃から徐々にリノベーションが始まった。たとえばロンドンの設計事務所Softroomによる設計で2012年に建設された、ホールに突き刺さるように積み上げられたコンテナのポップアップレストラン。当初は期間限定で場所を変えても営業できるようコンテナを使用したが、好評だったため以降もずっと営業を続けている。由緒正しい公共建築に色鮮やかなコンテナが突き刺さるギャップが、伝統と革新を重んじるイギリスらしい。

　また、人工地盤の下には壁と天井が全面グラフィティで覆われたスケートボードパークがあり、1973年頃からストリートカルチャーのメッカとなっていた。不法利用だったため、2014年のリニューアル計画の際には取り壊し案が出たが、スケーターや市民から猛反対を受け、ボリス・ジョンソン市長（当時）が保存を決定した。

　リバーサイドにはフードトラックが並び、広場にはフードマーケット、屋上にはカフェとバーを備えたルーフトップガーデンが挿入されている。クラシックのコンサートやアートの展覧会のすぐそばに、ストリートカルチャーの発信地があり、高級レストランやカフェと、屋台やコンテナレストランが共存している。ハイアートとストリートカルチャー、古いものと新しいものが渾然一体となり、時代、ジャンル、世代が混ざりあった、これからの文化施設のあり方だ。

https://www.southbankcentre.co.uk/
Southbank Centre, Belvedere Road, London SE1, UK

1 | 多くの人が集まるパブリックな広場
2 | 鮮やかな色彩のコンテナをブルータリズム建築に大胆に挿入
3 | 新旧の建築が混じりあう風景
4 | 広場のフードマーケット
5 | 撤去反対運動も起きた半地下のスケートボードパーク

BRICK LANE MAR- KET

複数のマーケットが 集まり、街をつくる

ロンドン

産業転換で変化する都市構造

「BRICK LANE MARKET（ブリックレーン・マーケット）」は、イースト・エンドと呼ばれるロンドン東部のストリート・ブリックレーン周辺で展開される複数のマーケットの総称だ。週末を中心に、路上と複数の建物でマーケットが開催され、多くの人が集まる。

　15世紀頃まではロンドンの東の果てと言われ、文字通り何もなかったエリアに、タイルやレンガ（ブリック）の製造工場ができて「ブリックレーン」と呼ばれるようになった。17世紀頃から繊維産業が発展し、工場労働に従事する移民が増加し、エリア一帯が繊維産業の街となる。1666年にトルーマンファミリーが「The Black Eagle Brewery」というブリュワリーを建設すると、19世紀には世界最大級のブリュワリーへと成長する。その後1989年に廃業、2010年にブランドを買い取られる形で再開し、別のエリアに移転したが、ブリックレーン周辺にはトルーマンの工場やビルが多く残り、それらを再利用する形で複数のマーケットが運営されている。

　産業の転換で20世紀後半には繊維産業が衰退し、失業者が増え、それに伴い治安が悪化し、レンガ造の建物はグラフィティで覆われ、盗難自転車の売買で有名になるような地域だった。1990年代、そんな地域にナイトクラブが増え、若者やアーティストが集まるようになり、グラフィティやヒップな雰囲気が逆に街のアイデンティティとなって人気のエリアへと変貌していった。

複数のマーケットの集合体

BRICK LANE MARKETが特徴的なのは、ブリックレーンという通りで毎週末展開されるストリートマーケットを中心に、性格の異なる複数のマーケットが集合していることにある。ブリックレーン沿いの駐車場ビルを占領してファッションやクラフトアートのマーケットとフードマーケットが開かれるUPMARKET、天井の高い古い倉庫に多くの飲食屋台が並ぶBOILER HOUSE

ブリックレーンの通り沿いに複数のマーケットが集合

BRICK LANE
MARKET

BOILER
HOUSE

TEA
ROOMS

BACKYARD
MARKET

THE TRUMAN
BREWERY

ELY'S
YARD

VINTAGE
MARKET

UPMARKET

FOOD HALL、アートやクラフトを中心としたBACKYARD MARKET、古着やアンティーク雑貨などを集めたBRICK LANE VINTAGE MARKET、雑貨やプロダクトなどが集まるTHE TEA ROOMS、屋外広場にフードトラックを集めたELY'S YARD FOOD TRUCKSなどからなる。異なるマーケットが1つの通りに点在するマーケットの集合体で、ストリートマーケットが発展する形で2004年にUPMARKETがオープン、2006年にBACKYARD MARKET、2009年にTHE TEA ROOMS、2010年にBOILER HOUSE FOOD HALLといったように、徐々にマーケットが増殖し始めた。

これらのマーケットを運営する企業Old Truman Breweryは、ブリックレーンの成長に大きく貢献したトルーマンの名を社名に使い、レンガ造のブリュワリー跡地をリノベーションし、ギャラリー・イベントスペース・オフィスなどとして活用している。マーケットを運営したり、地域の不動産を管理したりと、地域再生に積極的に関わってきた。

地域性を反映したコンテンツ

ブリックレーンのあるイースト・エンドはもともと移民労働者が多く住む街だったが、20世紀後半からはバングラデシュからの移民が増加し、標識にもベンガル語と英語が併記され、カレー店も多い。それを反映し、ストリートマーケットやUPMARKETでもアフリカ系、アジア系、メキシカンなど多国籍な屋台が多く出店していた。

また、もともとアーティストが集まる街でもあり、マーケットのいくつかにはアートギャラリーが入り、クラフトや雑貨を扱う店も多い。ストリートには車で移動しながらバンドが演奏していたり、BOILER HOUSEの裏庭には屋外の飲食スペースにDJステージがあり、広場でも音楽が流れている。さらにファッションの街でもあるため、大規模な古着のBRICK LANE VINTAGE MARKETが毎週末開催されるし、街にも古着やファッションの

店舗が多い。またそういった店舗やマーケットでは中古レコードやアンティーク家具・雑貨などを売っていることも多く、古いものに価値を見出し大事にする文化が根づいている。

　それぞれのマーケットは数十の小さな店舗・屋台で構成され、それぞれに店主がいる。皆、地域の歴史や文化をリスペクトしながら商売をしているので、この地域の文化が自然と反映された需要が生まれ、コンテンツとして定着していく。すべてがカレー屋でも困るが、すべてがインターナショナルフードでも面白くない。小さい単位の集合体だからこそ、自然にバランス、均衡をとることができる。

　こうした魅力は、既存の街をクリアランスして新しい建築をつくることでは決して実現できない。ストリートマーケットを中心に散らばる各々の建物は、それぞれ構造も環境も仕上げも天井高も異なるが、それが場の個性となる。そこにさまざまな出店者が集まり、多くの人が訪れる。ただ買い物や飲食を楽しむだけでなく、出会いの場ともなる。友人とここを訪れても、レストランを選ぶ必要はなく、それぞれが気に入ったものを買って食べればよい。そういった自由さがあり、なんでも揃う多様性もあり、小さな店の集合だからこその新しい発見があり、たくさん集まるから生まれる変化もある。数十の屋台が集まって1つのマーケットとなり、そのマーケットが複数集まって都市をつくる。そんな都市の新しい構造と可能性を、このマーケット群は提示している。

http://www.bricklanemarket.com/
Brick Lane, E1 6QL, London, UK
Ely's Yard, E1 6QL, London, UK

1 ｜ 醸造所の建物に囲まれた広場にフードトラックとテーブルが並ぶ（ELY'S YARD FOOD TRUCKS）
2 ｜ 路地の奥のアートマーケット（BACKYARD MARKET）
3 ｜ 出店者がそれぞれ簡易なテントとテーブルで屋台をつくる（BRICK LANE STREET MARKET）
4 ｜ 小さな通用口をあえて利用した意外感のあるエントランス（BOILER HOUSE FOOD HALL）
5 ｜ 既存倉庫の剥がれかけた床材などもうまく利用（BOILER HOUSE FOOD HALL）
6 ｜ 駐車場ビルの中に屋台が並ぶ（UPMARKET）

MALTBY STREET MAR- KET

線路脇に 自然発生した DIYマーケット

—
ロンドン

都市空間の隙間に自生・寄生する屋台

「MALTBY STREET MARKET（マルトビーストリート・マーケット）」は、ロンドンブリッジ駅近くの、アーチ型の高架下に食料品の問屋や商店が並ぶ狭い路地で2010年から開催されているウィークエンドマーケット。小規模ながら名店と美食家が集まると言われる。

　設えはいかにも自然発生的で、DIY[*1]精神に溢れている。屋台は、台や樽の上に渡した木の板や、重ねられた木箱、テントと折り畳みのテーブルのみで営業していたりする。そんな気取らないやり方で場が設えられるが、安っぽさや不衛生な印象は一切ない。古い木材をうまく使い、鮮やかなグラフィックが施され、経年劣化を味に変えるような、非常に生産的な空気が流れている。

　なかでも面白いのが、高架下の材木倉庫をそのまま占拠したかのような店舗。積まれた材木の上にワインやオリーブオイル、瓶詰めのピクルスなどを並べて販売している。しかも奥にはテーブル席をつくり、材木に囲まれながらワインを飲む人たちまでいる。平日は倉庫で、週末だけ店舗になるようだ。別の高架下では、同じように材木の間に本格的なキッチンを設え調理をしている。奥にはテーブル席が1つ、店主は道路に向かって鍋を振っているため、通りを歩くとその匂いにつられて注文したくなる。アジアの屋台街と同じで、店のファサードに通行人の目を引く調理場所を置いてライブ感を出すのが、一番うまい方法だ。

　高架下とマーケット、その意外な組み合わせが面白いし、空間の使い方が極めて効率的だ。都市のクリエイティビティは、こうした隙間に自生あるいは寄生しながら生まれるのかもしれない。

*1 DIY：DIY（Do It Yourself）という言葉は20世紀初頭にはイギリスに存在したが、戦後復興のスローガンとなったり、雑誌が刊行されたことから世界的に広がった。1970年頃にはアメリカのヒッピー・カルチャーと結びつき、1968年にはスチュアート・ブランドによる「Whole Earth Catalogue」が刊行されるなどして盛り上がり、近年のメイカーズ・ムーブメントへとつながる。

http://www.maltby.st/
41 Maltby Street, London SE1 3PA, UK

1 | 素材・色がバラバラのテント
    やブースが賑わいを生む
2 | 箱を重ねただけでも魅力的
    なディスプレイに
3 | 材木置き場をそのままディ
    スプレイにして店舗化
4 | 材木置き場にBBQセットを
    インストールしただけで営業
5 | アーチ型の高架下スペース
    を使った飲食店

4

5

DINE-RAMA

変形敷地に建つ
クラブ×
フードマーケット

—
ロンドン

見捨てられた土地を現代的な集客施設に変える仕掛け

2012年に設立されたイギリスのプロデュース集団Street Feastは、使われなくなった建物や見捨てられた土地などを見つけ、ストリートマーケットとして再生してきた。「DINERAMA（ディネラマ）」は、ロンドンのショーディッチ地区に2015年にオープンしたStreet Feastのプロジェクトの1つで、すぐに若者に人気のスポットとなった。彼らは他にもロンドン市内に同じような施設を運営している。

　ショーディッチ地区は、1990年後半からIT企業や流行に敏感な若者が集まるようになり、感度の高いショップやレストラン、ホテル、クラブなどが建ち並ぶエリア。1970年代までは製造業の街だったため工場や倉庫などが多かったが、時代の変遷とともに工場などは閉鎖されていき、賃料の安さから若者やアーティストに人気のエリアとなっていった。

　DINERAMAの敷地は、間口は狭く、奥に入ると広がっている変形敷地。普通の店舗等では使いにくい形状の敷地に、コンテナや鉄骨の架構を挿入し、奥行きの長い2階建ての半屋外型施設として再生した。エントランスに積み上げられたガラクタのような素材のオブジェクトやネオン、グラフィカルなサインが表通りから少し見え、奥には何があるのだろうと興味をそそる。エントランスでIDチェックをし、入場料を払って入店するクラブ方式だ。

　店内に入るとダンスフロアがあるが、左右にはびっしり飲食ブースが並ぶ。1階にはスタンディングテーブルが少しあるのみで、皆ビールを片手に立ったまま会話したり、DJの流す音楽を楽しんでいる。照明は赤や緑などエリアによってはっきり使い分けられているが、全体的にかなり暗く、ネオンや屋台のサインなどを際立たせている。10店舗程度のフードマーケットとクラブが融合した、非常に現代的な賑わいの場であり、新しい遊び場だ。

https://www.streetfeast.com/market/dinerama
19 Great Eastern Street, EC2A 3EJ, London, UK

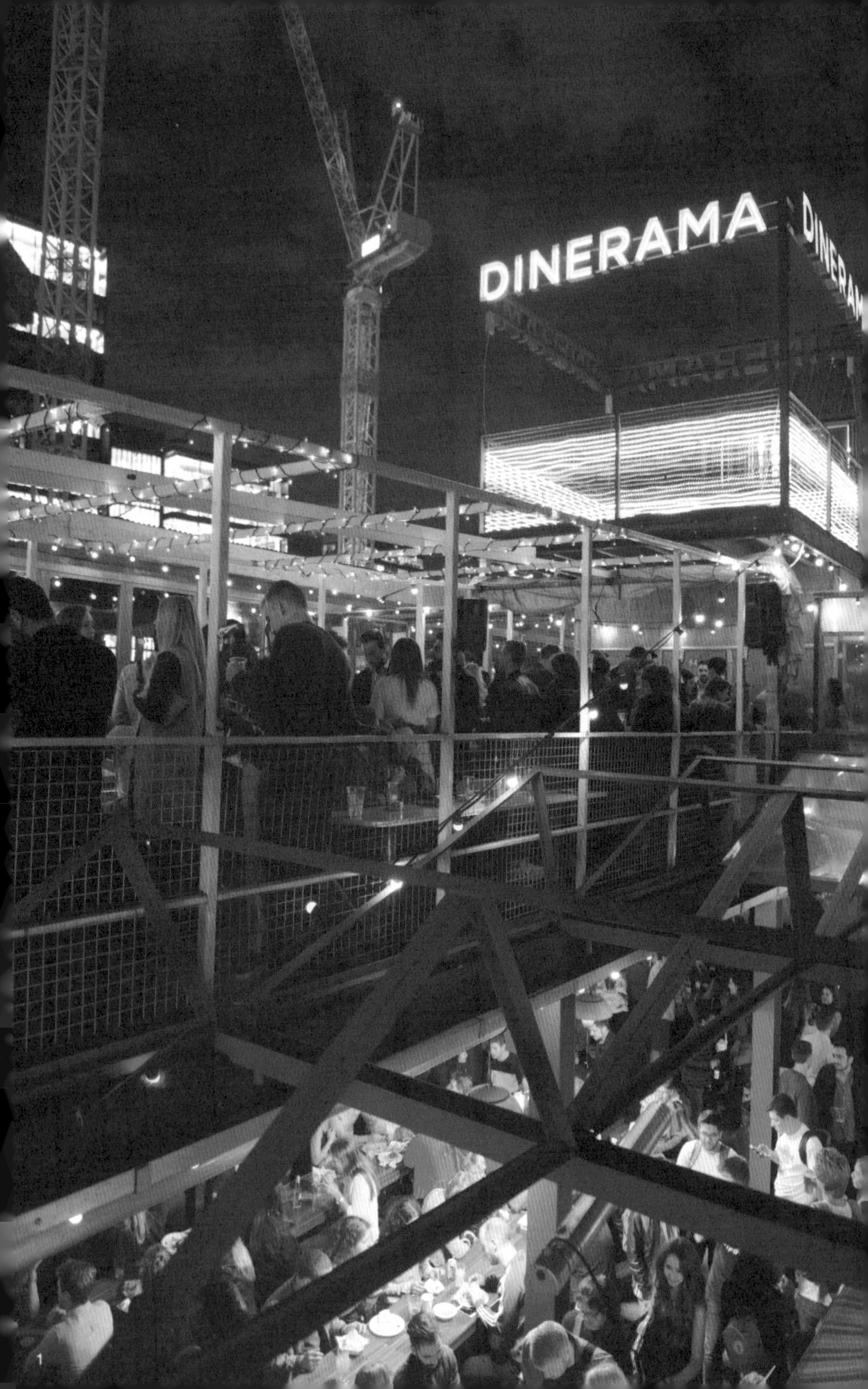
DINERAMA

1│屋上にもバーをつくり、吹き抜けを介して屋内外が一体化する
2│照明が強烈な赤いラウンジスペース
3│コンテナを積み上げた空間に大勢の人が集まる

K25

安易な可変性に
逃げない
高架下の
リノベーション

ストックホルム

客席の高低差で視点に変化をつくる巧みなレイアウト

K25はストックホルム中心部の高架下トンネルをリノベーションしたフードホール。2本の大通りが立体的に交差する高架下から店内に入ると、奥行きの長いトンネルのようなスペースに、洗練されたデザインの飲食ブースが並ぶ。小籠包、寿司、タコスなど、エスニック系が多いのは近年のトレンドでもあるが、小さな屋台スケールだから個性的な店舗が出店しやすいという側面もある。

店舗デザインはオスロとストックホルムを拠点とする設計事務所reactorによるもので、統一感のあるカラーコードで全体の調和をとりつつ、各店舗の個性を出している。木・コンクリート・鉄・レザー等いろいろな素材が使われているが、天井とカウンターの腰回りは黒・ダークグレー系でまとめられ、その分店舗看板やカウンター上のディスプレイに視線を誘導する。

店内奥にはスタジアムのような階段状の座席が設けられ、客席に高低差をつくりだす。フロアと地続きでありながら店内全体を見渡せる高さがあるため、わざわざ上に登って食事をしたくなる仕掛けだ。他にもベンチシートとスタンディングカウンターを組み合わせて視線の高さを変えるなど、滞在場所による体験に変化をつける工夫が見られる。

さまざまな大きさのブースを混ぜることで画一的になることを避け、隙間にパントリーやテーブル席を挿入しながらわざとごちゃごちゃした場をつくる。子供連れからビジネスマンまで、多様なシチュエーションで利用可能だ。ただオープンスペースをつくってテーブルと椅子を並べるだけの「安易な可変性」[1]に逃げずに、手軽さと居心地の良さを選択できるようなレイアウトが巧みである。

[1] 安易な可変性：可変性やフレキシビリティはこのような施設を設計する際求められがちだが、それを文字通り実現すると中央にテーブルと椅子が並んだだけの単調なものになる。可変性を担保しながら多様な場（シーン）をいかにつくるかが常に課題となる。

https://k25.nu/en/
Kungsgatan 25, 111 56 Stockholm, Sweden

1 | 細長い空間に多様なアクティビティが詰め込まれる
2 | ダーク系のインテリアのなかで目を引く店舗のサイン
3 | スタジアム型のシート
4 | コンパクトな空間にレベル差を与えてメリハリを出す

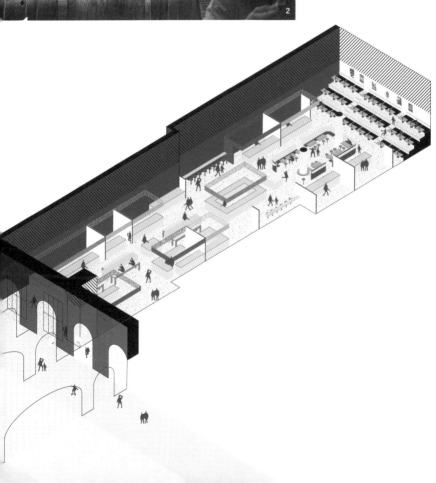

BRO-
ENS
GADE-
KØKK-
EN

橋のたもとの
ストリートキッチン

—
コペンハーゲン

新しいインフラとして挿入されたストリートフード広場

「BROENS GADEKØKKEN（ブロエン・ガデコッケン）」は、コペンハーゲン中心部のインナーハーバー・ブリッジ（自転車・歩行者専用橋、全長180m）のたもとにできたコンテナ屋台のストリートフード広場。デンマーク語で「Broens」は橋、「Gadekøkken」はストリートキッチンを意味する。

BROENS GADEKØKKENは、ウォーターフロント沿いに豊かなパブリックスペースが展開され、洗練された5〜6層の建物が並ぶエリアの一角に、コンテナの飲食店を集めた広場としてデザインされた。広場脇の建物には「NOMA（ノーマ）」の姉妹店「108」が入り、装いはカジュアルだが高価格帯で、料理は非常にクリエイティブだ。その高級店のすぐ横に低価格帯のコンテナ屋台が並ぶのも、公平性を重んじる国柄が現れている。

倉庫や造船工場が建ち並んでいたエリアにあるこの広場は1735年につくられた。「REFFEN」（事例04参照）の前身である「Copenhagen Street Food」もこの地区にあったが、建物の建て替えに伴い移転した。対岸のウォーターフロントには国立劇場や美術館など公共施設が並ぶ、そんなコペンハーゲンの中でも重要な開発エリアの一角を担う広場に、ただのオープンスペースではない、ストリートフードの広場がインストールされたことが面白い。

レイアウトはシンプルで、中央のテーブル席をコンテナ屋台が取り囲む。道路脇にもフードトラック、コンテナ屋台などが並んでいるが、道路に対して開かれ公共性が意識されている。ちなみに、冬季にはフードトラックやテーブルを片づけてスケートリンクをつくり、「Broens Skøjtebane（橋のスケートリンク）」というイベントが開かれる。そんな柔軟性も、都市の公共空間を使いこなす重要な要素だ。

https://broensgadekoekken.dk/en/
Strandgade 95, 1401 Copenhagen K, Denmark

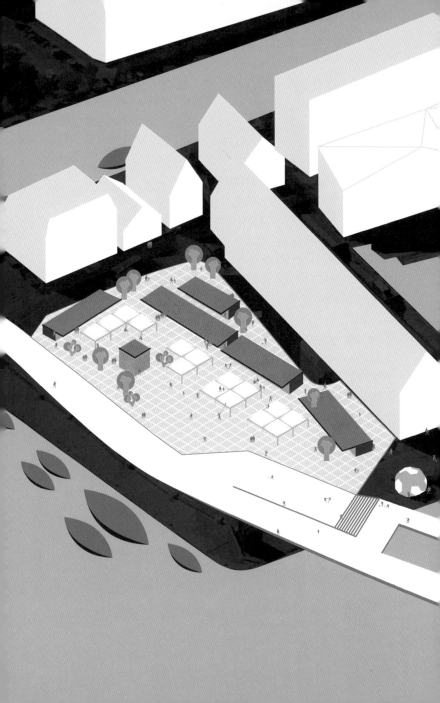

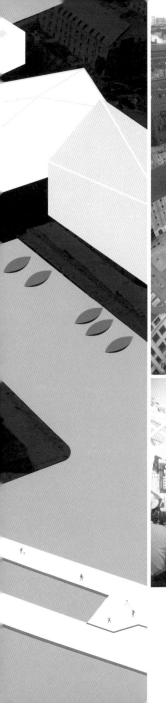

1 | 自転車・歩行者専用橋のたもとにできたストリートフード広場
　　［出典：BROENS GADEKOKKENのfacebook］
2 | コンテナ屋台がつくる公共広場

FOOD TRUCKS in NY

大都市を動き回る
プリミティブな
屋台の群れ

—

ニューヨーク

マンハッタンの路上に溢れる屋台

世界で最も先端的な都市であるニューヨーク・マンハッタンの街中では、驚くことに至るところに屋台（フードトラック）が並んでいる。オシャレで最先端というわけでもなく、トラディショナルな、昔ながらのタイヤがついた手押し車式「屋台」がほとんどだ。売られているのは、ホットドック、ハンバーガー、アイスクリーム、BBQ、タコスなど典型的なものが多いが、世界中から移民が集まるニューヨークだけあって、ハラル対応のケバブ屋台が特に多い。トラックを改造した自走可能なキッチンカータイプもあるが、大半は人力で引っぱってきて歩道上に出店する。人が集まる美術館や商業施設前の広場、公園などを中心に、あちこちの路上や交差点の角に屋台が並び、時間帯によっては頻繁に移動する屋台もある。

フードトラックの6種類のライセンス

ニューヨーク市は、フードトラックに対して以下の6種類のラインセンスを用意している。

①常設ライセンス：2年間・上限2900。退役軍人・障害者用に100ライセンスを用意。

②季節限定ライセンス：4〜10月・上限1000。

③地域限定ライセンス：ブロンクス・ブルックリン・クイーンズ・スタッテンアイランドの各地区に上限50ずつ。

④青果限定ライセンス：上限1000。

⑤私有地限定ライセンス：私有地のみで営業可能。ライセンス数の制限なし。

⑥特別ライセンス：公園の敷地外周のみで営業可能。障害者・退役軍人のみに許可されるが、ライセンス数の制限はない。

　このように、ニューヨーク市では、エリアごとにライセンス数の上限を決めて適正な規模を維持し、最も過密なマンハッタン以外の地域限定ライセンスも設けて分散を図り、住宅地にも配慮して、

最先端の現代建築と屋台のコントラスト

夏季の需要増大に合わせた季節限定のライセンスも設けている。調理を伴わない青果は別のライセンスとし、退役軍人や障害者でもビジネスできるように保護している。都市・公共空間の質や生活の利便性を考えつつも、自由と人権や多様性に配慮し、合理的に設定された実にアメリカらしい枠組みだ。

　フードトラックの大きさは最大で幅10フィート（約3m）、奥行き5フィート（約1.5m）で、調理を伴う場合10ガロン（約37.9ℓ）の水タンク、水タンクより15%以上大きい容量の排水タンク、加熱調理を伴う場合は20ポンド（約9kg）のガスタンクを2基搭載することが求められる。これらに加えて小型の発電機を搭載（または営業時に傍に設置）しているものが多かった。

フードトラック出店に対する日米の違い

ニューヨークのフードトラックと、日本で唯一認められている車両改造のキッチンカーを比較すると、公共空間の管轄の違い、設備要件の決め方の違いが浮き彫りになる。

　公共空間の管轄の違いは、公共のストリートを使用できるか否かに現れる。ニューヨークは公共空間に屋台を出すことを前提とし、ライセンス数を決めて過度な集中を避ける一方、私有地限定のライセンスを設けてそちらは上限を設定していない。元よりニューヨークは歩道の幅も広く、歩道上にキオスクや花屋があり、靴磨きやストリートパフォーマンスなどのアクティビティが定着していることもあるが、歩道を公共空間と捉え、人々の利便性の享受を積極的に推進する。一方、日本では、キッチンカーを管理するのは保健所だが、道路使用を管理するのは警察署、道路占用を管理するのは道路管理者（主に自治体）であり、公の道路を占有するには大きなハードルがあるため、実質私有地のみでの営業となっている。

　設備要件の決め方の違いは、ルールの合理性に現れる。ニューヨークでは販売品目によって必要な設備が明記されているが、日本の場合は、品数と調理の工程数で水タンクの容量など

が決められる。しかし、自治体によって運用が異なるため、営業場所によって必要な設備が異なることがある。また、日本で「自動車営業」以外での屋外の飲食は、祭りの出店のような「露店営業」は可能だが、下処理した食材を揚げたり焼いたりする"加熱"の1工程のみしか認められない。たとえば、天ぷらに「衣をつけて、揚げる」ことすら2工程となり許可されないし、加熱をしない具材を使用したサンドイッチも原則NGで、提供できる食の種類やクオリティには限界がある。それによって衛生的な質が担保されるというのももちろんあるが、人々を惹きつける都市のサービスという観点で見た時には、他の都市から学ぶ余地がある。

都心の安価な飲食需要を満たすためのセーフティネット

マンハッタンでは、地価が高騰しすぎて飲食店や昔ながらの青果店等がどんどん姿を消しており、店の移り変わりも激しく、物価も高い。競争的で健全である側面もあるが、不動産価値や経済に左右されすぎて本当に良い店が生き残れないような環境は、都市としては好ましくない。フードトラックによるストリートビジネスは、そのような投機的な都市状況を緩和する役割も果たしている。

　前述の通り、ニューヨークの屋台はプリミティブなものが多い。ヨーロッパや同じアメリカでもポートランド（事例06参照）などでは近年デザインが洗練されたフードカートが並ぶのと対照的だ。都心の安価な飲食需要を満たすためのセーフティネット的なニューヨークスタイルは、ライセンス数の上限が決められているから内部競争が起こらず、ノスタルジックな屋台を革新するインセンティブが働かないからこそ継続しているとも考えられる。それがむしろ、ニューヨークらしい風景をつくりだしているのかもしれない。

The New York City Department of Health and Mental Hygiene
https://www.nyc.gov/site/doh/business/food-operators/mobile-and-temporary-food-vendors.page
New York, NY, USA

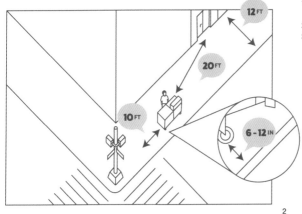

1 | ニューヨークの街中に出現する
多様な屋台
2 | フードトラックの設置位置の基準
3 | フードトラックに求められる水タン
クとガスタンクの設備基準
[以上出典：City of New York,
Regulations for Mobile Food
Vendors]

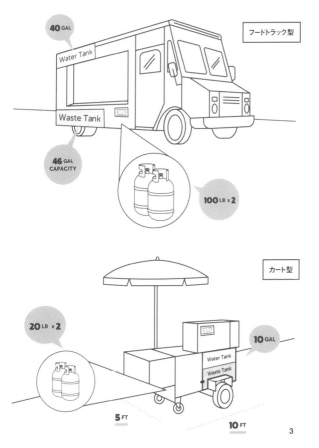

ART-BOX

空き地を転々とする期間限定クリエイティブ・マーケット

――
バンコク

低コストで高い効果を生むフォトジェニックな空間演出

過去にBTSプロンポン駅、ARLマッカサン駅など、バンコク市内で不定期に開催されてきたクリエイティブ・マーケット「ARTBOX（アートボックス）」が、2019年から2020年までの期間限定で、スクンビットのBTSアソーク駅近くの公園に出現した。

バンコクのさまざまな場所で見られるトラディショナルなマーケットや屋台を、感度の高い若者をターゲットに洗練させたART-BOXは、雑貨やファッションから、アーティストブース、タトゥーショップやゲームセンター、飲食店やイベントステージが集まる、まるで学園祭のような雰囲気だ。仮設の鉄骨屋根が架けられたステージではアーティストのライブなども行われ、また敷地の樹木から垂れ下がる照明など、フェスティバル感を全面に出した空間の演出が楽しい。若者や外国人などが、写真を撮ったり、デートしたりと、思い思いに過ごしている。エントランスの大きな「ART-BOX」のLEDサインや、敷地のあちこちに光るオブジェなどがうまく配置され、照明の演出なども合わせ、最小の手数で最大の効果をもたらしていた。複数回の開催経験があるためか、フォトジェニックな仮設空間を低コストでつくりだす手法が手慣れている。

店舗も画一的に並べるのではなく、既存の樹木を避けるようにブースをずらし、通路の中央を広くとってテーブルを置いたり、広い空間と狭い空間を意識的につくったりと、多様なバリエーションの空間が散策する意欲を高めてくれる。スノコで床を上げ湿気を防いだり、人工芝を敷いてホコリを防いだりする工夫も見られた。

そもそも都市は、短期間なら使える場所、しばらく使われない場所など、暫定的に空いた場所を多く抱えているものだ。ART-BOXは都市のさまざまな場所で開催されてきたからこその柔軟性と適応力を持ち、期間限定だからこそ感じることのできる新鮮さが、このエリアに活気を生みだしていた。

Sukhumvit10, Bangkok, Thailand（営業終了）

1 ｜ 屋台と屋根付きのステージに多くの人が集まる
2 ｜ あちこちにオブジェやフォトスポットが散りばめられる
3 ｜ ブース間の仕切りのないオープンな屋台

SHINSE-GAE FOOD MARKET

デパートとメトロを
つなぐ地下街を
改造した街路型
フードマーケット

—
ソウル

地下街の不自由さを撤廃したリブランディング

ソウルの南大門・明洞エリアにあるSHINSEGAE（新世界）百貨店本店。前身は1930年に韓国初の百貨店としてオープンした三越百貨店京城支店で、1963年にサムスングループに買収され新世界百貨店となり、2006年にウォルマート韓国法人を買収したことで、韓国最大の小売グループとなった。その新世界百貨店の地下食品街が2014年にリニューアルされ生まれたのが「SHINSEGAE FOOD MARKET（新世界フードマーケット）」。

　もともと高級路線が特徴の新世界百貨店だったが、リニューアルでより高級感が増した。生鮮食品を扱うSUPERMARKET、高級食材販売のPREMIUM GROCERY、伝統酒などを扱うTRADITIONAL FOOD、PATISSERIE、WINE & CHEESE、といったテーマに特化したコーナーが並び、全体をメインのフードマーケットGOURMET STREETが貫く。

　GOURMET STREETは各コーナーをつなぎ、雁行配置で飲食店舗が並び、オープンカウンターとテーブル席のハイブリッド型。店舗間の境界をはっきりさせず、ハイチェアとローチェアのエリアを巧みに混在させている。ソウルの人気店が集められ、壁面のグラフィックや共用部の素材などの統一されたデザインコードと、各店舗の特徴を出す意匠とのバランスが巧みだ。

　地下街は通常暗く、スーパーマーケットのような大店舗か、安価な店舗型のレストラン街となることが多い。歴史ある新世界百貨店は建物も古く、地下で複数の棟をつないでいるので、細長く、天井高さも取りにくいなど、使いにくい環境だったはずだ。それを、店舗の壁を取り払い、ストリートとすることで共用部と占有部の壁も取り払い、非常に魅力的な空間に変えた。人の流れをつくるスポットを、老舗百貨店の地下街の中に実現したアイデアは、他の施設や都市でも活用可能だ。

https://www.shinsegae.com
Shinsegae B1, Sogongno63, Jung-gu, Seoul, South Korea

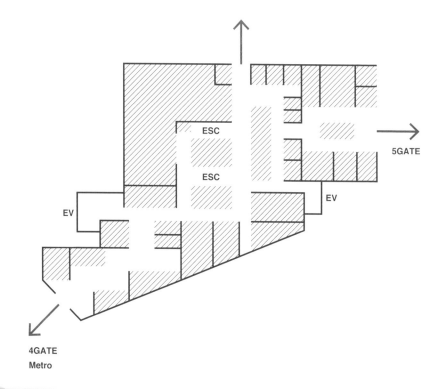

ESC

ESC

5GATE

EV

EV

4GATE
Metro

1 | 雁行配置の店舗レイアウトが
　　回遊性をつくる
2 | 洗練されたインダストリアルな
　　インテリア
3 | オープンカウンター主体の構成
4 | 壁に大胆に描かれたグラフィッ
　　クがデザインコードとなる

進化するスーパーマーケット

POP URBANISMは商業と消費あるいは他産業との接点となるが、現代社会の消費を広く支えるスーパーマーケットも、年々進化しつつある。

Whole Foods Market
2017年にAmazonが買収した「Whole Foods Market（ホールフーズ・マーケット）」はアメリカ・テキサス州を拠点とするオーガニック食料品店で、1980年に創業、2023年現在、アメリカ・カナダ・イギリスで500店舗以上を展開している。オーガニック食品をいち早く取り入れ、輸入食品やベジタリアン食材なども多く揃える。さらに店内にはサラダバー、スープバー、デリ、シリアルバーなど

もあり、消費者が欲しいものを欲しい量だけ買うことができる。生鮮食材と調理された商品がバランスよく提供され、購買意欲をそそる。消費者オリエンテッドな運営で、Whole Foods Marketが出店した地域は地価が上がるとさえ言われている。

Eataly
「Eataly（イータリー）」は2007年にイタリア北部・トリノで誕生した。トリノ近郊のブラで始まったスローフードを体現する店舗として、厳選されたオーガニック食品や質の高いチーズやサラミ、高級オリーブオイルやハンドメイドのパスタ、ビオワインなどの食材販売と、店内のカウンターキッ

ニューヨーク・ブルックリンのWhole Foods Market

飲食カウンターと販売スペースが混ざるEataly

ディスプレイ・デザインが巧みで対面販売・イートインコーナーなどが混在するGourmet Market

Eatalyの創業者が描いた店舗イメージ
[出典：EatalyのHP]

チンで肉や魚、パスタなどを調理するレストランが併設される。2002年に創業者オスカー・ファリネッティが描いたスケッチには、食品販売・飲食・滞在が混合した店舗イメージが見てとれる。

Gourmet Market

バンコクのショッピングモール等で複数展開されている「Gourmet Market（グルメ・マーケット）」は、観光客や富裕層向けの高級スーパーマーケット。生鮮食品や日用品に加え輸入食品も充実しており、ドライフルーツ、タイのスパイス、ハーブティー、タイブランドの香水やスキンケア商品など、商品陳列もメリハリが効いている。さらに、スープバーやキッチンカウンターを併設し、ただ商品を売るだけではない体験型の店舗構成が非常に現代的だ。

Amazon Go

Amazonがシアトルなどで展開している「Amazon Go（アマゾン・ゴー）」は、レジのない自動コンビニエンスストア（6章参照）。Amazonのアカウントで入店し、カメラや棚の重量センサー等で商品を正確に計測し、アプリと連動して自動決済されるため、従業員が会計せずに客は店を出られる。まだ実験段階ではあるが、Amazonは将来的に世界中の小売店にこの無人決済サービスを売るつもりで開発している。他にも実店舗のスマート化の取り組みはさまざまなところで増えている。

Chapter

04

アップデート
される
歴史的
マーケット

BOR- OUGH MAR- KET

1千年間 変化し続けてきた、 イギリス最古の マーケット

ロンドン

消費構造の変化に翻弄された歴史

「BOROUGH MARKET（バラ・マーケット）」は、ロンドン中心部、ロンドンブリッジ近くにある、1千年の歴史を誇るイギリス最古・最大級のマーケットである。990年頃、ロンドンを南北に分けるテムズ川に唯一架かっていた木製のロンドンブリッジのふもと、バラ・ハイストリート付近は南北を行き来する人々の交通の要所となり、農家や漁師が集まる路上マーケットが開かれたのが始まりとされる。

　木製のロンドンブリッジは戦争や天災で何度も焼失し、1209年に石造の橋が完成すると、橋の上でマーケットも開かれていた。18世紀にはロンドンの人口増加に伴ってマーケットも大きく成長したが、騒音や道路の占領、政府や警察との軋轢などさまざまな問題を抱え、1756年には一度廃止された。しかし、公共のためにマーケットが必要と考えたサザーク大聖堂が政府からその権利を買い戻し、現在の位置に移設された。

　19世紀に入ると、都市の近代化・人口増加・鉄道の開通などによってロンドンは発展を遂げ、1851年には、BOROUGH MARKETに今も残るゴシック様式の架構が建設され、名実ともに重要なマーケットとなった。その頃には青果店を主な顧客とする野菜・果物の卸売市場となっていった。

　しかし、その後も戦争や不況などが続き、さらに20世紀後半のスーパーマーケットの台頭による消費構造の変化が、インディペンデントな生産者やそのエコシステムを破壊し、旧来のマーケットの売上は激減し、BOROUGH MARKETも危機に陥った。また1970年代に巨大なNew Covent Garden Marketなどができ、卸売市場としてのBOROUGH MARKETの役割は急速に薄れていった。

ローカルでオーガニックな食に対する意識の高まり

こうして社会の変化に大きく振り回されてきたBOROUGH

Y字路でアイストップをつくり、ごちゃごちゃした路地が探索性を生む

MARKETが生まれ変わるきっかけとなった出来事が、市民を対象としたガレージセールだった。1990年頃から職人的でインディペンデントなフードビジネスが入り始めていたが、クラフトチーズのNeal's Yard Daily、イギリスにおけるスペイン食材のパイオニアBrindisa、季節の旬の野菜を扱うTurnipsの3企業が合同で、1998年に小売のガレージセールを行った。彼らは創業10年未満の若い企業で、卸売を主としていたが、市民を対象にしたこのガレージセールが大盛況となり、BOROUGH MARKETが勢いを取り戻す。

　これがきっかけとなり、BOROUGH MARKETは、大量生産の安価なプロダクトではない、ローカルで有機栽培された信頼できる食品に対する市民の需要の高まりを感じ、優れた食材を扱う企業を集めて小売マーケットを開催するようになる。最初は月に一度開催されていたが、やがて毎週開催されるようになり、今ではほぼ毎日開催されて世界中から人が集まる場に生まれ変わった。

　1千年以上の歴史を持つBOROUGH MARKETが、20世紀型の工業化社会の構造に潰されそうになりながら息を吹き返したのは、そうした社会構造に対する市民の反動がある。たとえばイタリアでは、大量生産・大量消費やファストフードに対抗して地域性や食文化を見直す「スローフード」運動が始まったのが1986年のことだった。

　こういった概念が生まれ、社会における潜在的な需要が掘り起こされた時代と、マーケットが見直され、人々が集まる場として再構築されたこととは無関係ではないだろう。実際にBOROUGH MARKETは、「ガバナンス」「環境」「スローフード」をコンセプトに掲げている。

都市構造と一体化した空間体験

時代ごとにさまざまな歴史を辿ってきたため、BOROUGH MARKETの配置は極めて有機的で、現在3ブロックに跨ってい

る。そのため、それぞれのブロックの間を公道が通り、19世紀に建てられたゴシック様式のアーチ屋根のマーケットだけでなく、高架下や屋外広場も使いながら、どこからどこまでがマーケットなのかわからないほどだ。周辺の街並みに完全に溶け込み、逆に道路がマーケット内に入り込むような感覚を受ける。

　自然発生的に生まれた場所だからこそ、店舗のレイアウトが高架の柱を避けながら有機的に変化したり、橋脚のアーチ部分を店舗にしていたりと、工夫に溢れている。場所によって、キオスクサイズの店舗が建てられているところもあれば、営業時間だけ出現する可動の屋台タイプもある。その多様性も魅力の1つだが、通常の建物は建てにくいような場所にも、小さなユニットを集めて場をつくるなど、場所のコンテクストを否が応でも読み込んで柔軟に対応してきたことが、他にはないユニークで豊かな空間を形成することにつながった。食材販売が主だが、その場で試食できたり、飲食ブースが設けられていたり、テイクアウトの料理を出すフードトラックがあったり、目を引く大鍋でパエリアを料理していたりと、内容の多様性も人々を惹きつける大きな要因だ。

　また動線的な特徴としてY字路が多いことが、より活気をもたらしていた。道の正面、つまりアイストップに店舗があって目を引くのに加え、十字路やT字路でないため、道を曲がると意識せず散策することができる。マーケット内の通路も公共の道路も一体となってくねくねとつながり、食材や料理の匂いや音に包まれた屋外の空間は、歩き回るだけで楽しい。また商品のディスプレイも美しく、食材と空間の扱い方に現代的で質の高い感性が感じられる。マーケットには大勢の人々が集まり、マーケット周辺にも多くの店が並ぶ。長い歴史を持ちながら、時代に適応しようと奮闘してきたマーケットだからこその、都市との一体化がその最大の魅力だ。

https://boroughmarket.org.uk
8 Southwark Street, London SE1 1TL, UK

1

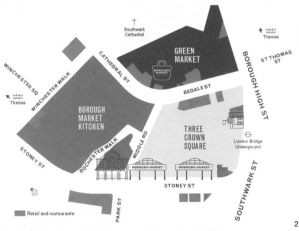

2

1 | 隙間を見つけて出店する極小のピザ屋
2 | マーケットは近隣3ブロックに跨って運営されている
　　[出典：BOROUGH MARKETのHP]
3 | マーケットの外にも多くの店舗や飲食店が集まる
4 | 高架下に広がるマーケット
5 | 小さいワゴンで1つの商品に特化した店舗が多い

ÖSTER-MALMS SALU-HALL

歴史的マーケットの
改修を支えた
デザイン性の高い
仮設建築

ストックホルム

仮設でも人気を呼ぶ施設はつくれる

ストックホルムのエステルマルム地区は、高級住宅やブティックの並ぶ商業エリアで、その中心に「ÖSTERMALMS SALUHALL（エステルマルム・マーケット）」がある。もともとエステルマルム広場で開催されていたが、19世紀末、都市環境の衛生改善のため生鮮食品の屋外販売が禁止され、隣接する敷地にレンガ造のマーケットホールが建設された。その後、130年の歴史を持つマーケットも老朽化が進んで全面改装されることとなり、工事期間中、元のマーケットがあった広場に仮設のマーケットが建てられた。

仮設のマーケットはスウェーデンの設計事務所Tengbomによる設計で、シンプルな矩形の建物に、安価な構造用合板を現しで使用し、採光を確保するために外壁を半透明のポリカーボネートで覆ったデザインが特徴的だ。フロア面積は1970㎡で、天井は高く、内部に柱を設けず、グリッド状に配置された構造用合板で大スパンの屋根を支える。期間限定で仮設だからこその合理的な構造形式で、安価な素材を無駄なく使用しながら、プレハブ等の安易な「仮設建築」に陥ることなく、非常にデザイン性の高い建築だ。トップライトから光が入る心地良い空間で、人々が買い物や飲食を楽しんでいる。

入居する17店舗の多くがファミリービジネスとして、代々このマーケットに店舗を構えている。2020年に元のレンガ造建築の改修が完了すると、出店していた店舗は元のマーケットに戻った。一方、仮設のマーケットも好評で、取り壊さずに次の事業者を募るという話も出たほどだ。地元新聞によると、元のマーケットに戻るより仮設のマーケットの方が良いという意見も出たという。マーケットを重要な都市機能と考え、一時的な仮設建築にも力を注いだ結果、そこに新しいチャンスが生まれるかもしれない。

https://en.ostermalmshallen.se/
Östermalmstorg, 114 39 Stockholm, Sweden

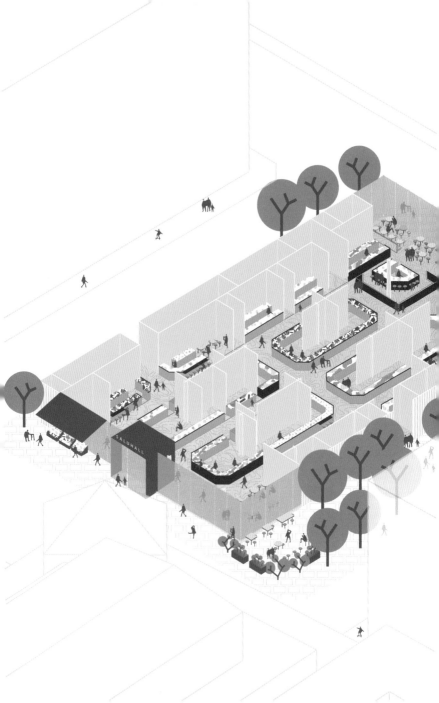

1 │ ストリート沿いには老舗のシーフードレストランのテーブルが並ぶ
2 │ 構造用合板でつくられた安価でありながら合理的な空間に人が集まる
3 │ ポリカーボネートの外壁が一際目立つテンポラリーな装い

HAKA-NIEMEN KAUPPA-HALLI

仮設建築だから可能な自由でオープンなレイアウト

ヘルシンキ

多様な業態が人々の多様な行為を誘発する

1914年に建設されたヘルシンキの中心的マーケット「HAKANIE-MEN KAUPPAHALLI（ハカニエミ・マーケット）」は、老朽化に伴う改修で2018年に閉鎖されたが、2023年までの工事期間中は、仮設のマーケットを広場に建てて営業を続けている。仮設といっても、ファサードがルーバーで覆われたガラス張りで、鉄骨造平屋のシンプルな構造ながら洗練されたデザインだ。

　マーケット内には3×6m程度のモジュールのブースが4列並び、魚、肉、野菜、チーズ、デリ、シーフードレストラン、ベーカリー、スープなどの飲食店・物販店などが入る。ほとんどは元のマーケットに入居していた店舗だ。外壁のガラス面側は店舗を配置せず廊下としているので、店内に日差しが入って明るい。ブースには店舗サインを提示するバーがあるのみで、レイアウトは至ってシンプル、内部の造作はそれぞれの店舗が簡易に設えている。

　そのため、店舗が壁で区画されておらず、店舗の奥に別の店舗が見通せるような極めてオープンな空間構成が特徴的だ。飲食や物販、雑貨などジャンルも混ざっているため、シェフが調理をするカウンターキッチンの向こうにベーカリーが見えたり、人々が食事をしているスペースの向こうに雑貨屋の買い物客が見えたりと、人々の異なる行為が重層的に折り重なる。

　また、ワインやチーズを売る店に2席だけのテーブルがあったり、キッチンから通路を挟んだ斜め向かいのブースが飲食スペースになっていたり、仮設だからこそできる空間の意外な使い方が、画一的なテナントタイプの店舗とは違う体験を提供する。マーケット前の屋外広場でも屋台で野菜などが売られ、フードトラックの飲食を楽しむ人も多い。仮設だからこその自由さと適応性で、元のマーケットを上回るほどの人々が集う魅力的な場となっていた。

https://hakaniemenkauppahalli.fi/
Hakaniemen torikatu 1, 00530 Helsinki, Finland

1 | 1つのブースの中に販売・調理・飲食が混在する
2 | 複数のブースを横断するような視点が出会いを生む
3 | オープンなブースが飲食店や雑貨店といった異なる
　　業態を視覚的に接続する
4 | 見ていて飽きないオープンで機能的なキッチン

ESSEX MAR- KET

ダウンタウンの
歴史的マーケットの
再構築

—

ニューヨーク

130年前にストリートから始まったパブリックマーケット

「ESSEX MARKET（エセックス・マーケット）」は、ニューヨーク・マンハッタン南西部のロウワー・イーストに位置し、中華街などがある下町のバワリー地区に130年以上続くフードマーケット。1888年にストリートマーケットとして始まり、1940年に建物が建設されて屋内型マーケットとなった。当時475もの店舗が入居していたという。

20世紀後半は、スーパーマーケットの台頭で旧来型のマーケットは衰退し、ESSEX MARKETも売上が減り、店舗数を減らしたり、運営母体が変わったりと紆余曲折を経て、2019年に同じ通りの向かいにあった再開発ビル地上階のメインテナントとして新生ESSEX MARKETが誕生した。フロア面積は3400㎡で、地下はフードホールとなっている。

マーケットに入ると、商品のディスプレイにこだわった魅力的な店舗が続き、奥に進むと天井の高い吹き抜け空間が広がる。吹き抜けのロフト部分には、ホールを見下ろすカウンター席や移動式のハイテーブルが並び、人々がマーケットで買ったものを食べたり、ノートパソコンを広げて仕事をしたりしている。ESSEX MARKETはニューヨークの公設マーケットの1つということもあり、パブリックスペースとして心地の良い設えがされている。

設計はニューヨークで最も勢いのあるSHoP Architectsで、黒を基調とした店内に、白い帯状の店名サイン、ブランディングのための装飾的なネオンサイン、商品を際立たせるライトアップなど、非常に洗練されたインテリアデザインだ。

ちなみに、通りの反対側には旧ESSEX STREET MARKETの建物が残っているが、2016年にはブルックリンのアーティストゲラ・ロザーノによる鮮やかなグラフィックが施されアイコンとなっていた。施設の老朽化等もあり移転したが、地域を支え続けたマーケットへのリスペクトが感じられる。

https://www.essexmarket.nyc/
88 Essex Street, New York, NY 10002, USA

1｜大空間の中のオープンな区画に複数の飲食店が入る
2・3・4｜地域のマーケット（2）が再開発のメインテナント
　　（3）として生まれ変わり、かつての建物にはミューラル
　　が施され（4）、地域のアイコンとなった
　　［写真4の出典：Street Art NYCのHP］
5｜食材のディスプレイも非常に洗練されている
6｜中2階には天井の高いパブリックスペース
7｜統一されたサインフレームが店舗照明も兼ねる。ジグ
　　ザグの店舗配置がアイストップと抜けを同時につくる

PIKE PLACE MAR-KET

都市発展の中心となった、アメリカ最古のマーケット

—
シアトル

周辺の商業も活性化する街の中心

「PIKE PLACE MARKET（パイクプレイス・マーケット）」はシアトルの中心部に位置し、アメリカ最大級・最古のマーケットである。都市は、人々が集まって物を交換するマーケット（市）から始まった。日本にも「五日市」「十日市」といった地名があるように、定期的に開催されるマーケットに人々が集まり、都市へと発展した。シアトルはそのような典型的な発展過程を辿っている。

19世紀後半のゴールドラッシュや漁業で急成長を遂げたシアトルで、1907年に農作物が高騰したことに反発した農家が、卸売業者を通さずに路上で農作物を売り始めたのが、PIKE PLACE MARKETの始まりとされる。日系アメリカ人の農家が大部分を占めていたが、戦争でマーケットは存続の危機に陥った。戦後、マーケットを廃止して再開発するという計画もあったが、1960年代にマーケットの保存運動が開始され、1971年には条例で歴史地区として保存されることが決定した。その後、周辺に飲食店等が多数派生し、マーケットを中心に都市の商業エリアが形成されてきた。ちなみに、シアトル発祥のStarbucks Coffee1号店はPIKE PLACE MARKETのすぐ向かいにある。

マーケットは、魚介、花、加工食品、飲食、農産物、クラフト、アートなどのエリアに分かれ、海岸沿いの高低差のある地形に沿って複数のフロアがある。フロア同士は階段やスロープでつながり、全貌がつかみにくく迷いやすいが、歩いていると知らぬ間に新しい場所を発見できる、自然の地形のようなフロア構成が魅力的だ。

エントランス付近の路上ではストリートパフォーマンスが行われ、通りに賑わいを生む。マーケット自体も数ブロックに跨がっているが、向かいにも数ブロックにわたって食料品店や飲食店が並び、広範囲に賑やかな商業エリアを形成している。

https://www.pikeplacemarket.org/
1st Avenue & Pike Street, Seattle, WA, USA

集積による場所のメッカ化

都市の性格は、そこに集積する業態によるところが大きい。たとえば東京の裏原宿は小さなブティックが集まってファッションの聖地となり、秋葉原は電気街から派生してアニメやアイドルの聖地となり、新大久保のコリアンタウン、横浜や池袋北口のチャイナタウンといったように、特定の業態が集積することで都市の性格を形づくる。それぞれの立地や時代背景によって定着し始めた店舗群が呼び水となって類似業態の集積が起こり、ヒップスター的存在が生まれ、聖地・メッカ化する。

このシンプルで普遍的なメカニズムが、世界のあらゆるところで起き、都市の成長を支えている。都市計画はこのようなコンテンツの動きにやや無自覚であるし、集積が必ずしも良い結果をもたらすとは限らないが、都市の成長にとって、このようなムーブメントは重要だ。これまでこうしたコンテンツの集積は同一エリアにかたまっていたが、SNS時代になり、都市のあちこちに分散しても成立するようになった。

カフェで都市再生

ソウルの「COMMON GROUND」（事例15参照）に隣接した聖水洞エリアは、工場地帯をリノベーションした店舗などが増え、若者に人気の街に変貌した。廃墟となった金属工場を韓国の若手設計事務所Fabrikrがほぼそのまま残しながらリノベーションし、2016年にオープンした「Café Onion（カフェ・オニオン）」や、「大林倉庫（テリムチャンコ）」がそのきっかけ

ソウルのCafé Onion。廃墟のようなコンクリートの躯体にガラスと光膜天井、カウンターのみを挿入

をつくった。その後も「Blue Bottle Coffee」韓国1号店をはじめ多くのカフェが同エリアに進出している。

　同様に、東京の清澄白河でも「Blue Bottle Coffee」日本1号店が出店して以降、周辺にカフェの出店が相次いだ。中国でも洗練されたデザインのカフェが各地で激増するなど、尖ったコンセプトかつデザインのカフェが集まって人を呼び、都市再生の起爆剤となっている。

ルーフトップバーで集客

熱帯気候のバンコクでは、多くのスカイスクレーパーの屋上にルーフトップバーが設置されている。陽が落ちた後の屋上は、風が通り心地良いため、多くの人が集まる。バンコク中にルーフトップバーができ、観光ガイド等でも特集されて、バンコクの名物となった。

タピオカ、唐揚げ、高級食パン

2010年代後半に流行し東京中に乱立したタピオカ屋は、SNSでシェアしがいのある見栄えとコンテンツで急激に増殖した。その増殖の要因は、テイクアウトが主流のため、極小の面積かつ簡易な設備で提供が可能で利益率が良く、最小の初期投資で最大のリターンを得る業態だったからだ。そして都内好立地の極小物件などが軒並みタピオカ屋に変化した。タピオカの流行は急激すぎて定着することはなかったが、唐揚げや高級食パンなど、小さな店舗を活用した業態が、都市のあちこちに眠る「好立地で坪単価は高くても極小のため賃料総額は抑えられる」環境を使いこなし、短期間で増殖することで認知され、トレンドを生みだすことが繰り返されてきた。

バンコクのBanyan Tree Hotel（61階建て）の屋上にあるMoon Bar

Chapter

5

思いがけない
アイデアで
都市の未来を
見せる

TORVE-HALL-ERNE KBH

洗練された
マーケット広場が
都市を再生する

コペンハーゲン

300年前に始まった市公認マーケット

「TORVEHALLERNE KBH (トルヴェハレルネ・コービーホー) 」は、2011年にコペンハーゲンのノアポート駅近くのイスラエル広場に建てられたマーケット。小さな漁師町だった頃のコペンハーゲンでは、漁師による小さなマーケットは開催されていたが、1684年からアマー広場で市のオフィシャルなマーケットが開催されるようになる。1868年にクリスチャンハウンの中央広場に移転し、1889年から1958年までの約70年間、イスラエル広場でマーケットが開催されていた。当時の広場は多くの人が集まり、活気があったが、1958年にマーケットがバルビーに移転すると、イスラエル広場は駐車場として使用されるようになり、広場周辺は人通りも少なく、大勢のドラッグディーラーがたむろするような危ない場所となってしまったという。

　デンマークの建築家ハンス・ピーター・ヘーゲンスが、こうした都市の状況を変えようと、マーケットの建設を行政に提案した。10年近く行政との交渉や投資家集めなどに奔走し、2007年にプロジェクトが正式に許可されてスタートする。直後の2008年にリーマン・ショックによる金融危機で投資家が破産し、一時プロジェクトは暗礁に乗り上げるなどしたものの、最終的には2010年に建設開始、2011年9月に新しく現代的なマーケットがオープンした。

つくる・買う・食べるが渾然一体となった多様性

新しいマーケットは、イスラエル広場の一角に、2棟の鉄骨平屋（一部2階建て）として建てられた。黒を基調としたシンプルな平面構成の中に、田の字形に4つのブースを持つアイランド型のユニットが10ずつ並ぶ。2棟で80のブースがあり、食物販や飲食、雑貨などの店舗で占められる。

　ここでは地元の店舗に加え、海外店舗の出店も積極的に受け入れており、ロンドンの「BOROUGH MARKET」(事例25参照)

1 | 開放的な外壁沿いにカウンターや販売ブースが並ぶ
2 | 各ブースからのはみ出しスペースが決められており、ワゴンを出したり飲食カウンターにしたりと個性が出る
3 | さまざまなマテリアルの商品・什器・サインが並び、店舗の個性が前面に出る

から移転してきた店舗もあるという。生産者と消費者をつなぎ、新鮮で良質な食材を提供しようと厳選された店舗が並ぶ。各店舗は約3.6m四方、15㎡に満たない小さなスペースであるが、だからこそ品数を絞り、1つ1つの店が専門店化して質が向上する。

　TORVEHALLERNE KBHの空間を特徴づけているのは、カウンターキッチンにして飲食スペースをつくったり、新鮮な魚介がディスプレイされていたり、ワインの販売店の前に生ハムをつまみながら飲めるテーブルを設けたりと、人々の行為が視覚的にミックスされた空間となっていることだ。

　ユニットから1m弱は各店舗がはみ出し[*1]て使ってよいスペースになっているようで、テーブル、ディスプレイ、立て看板、カートなどを出している。そのルールがあるせいで、必要以上に通路が塞がれることもないし、店舗がミックスされているために画一的になることもなく、洗練された「ごちゃごちゃ感」が実現されている。また、ユニットを区画する店名のサインフレームが店舗ごとに異なる色のタイルで装飾されていて、シンプルながら空間に個性と多様性をもたらしている。

屋内外を一体的に利用する開放的なデザイン

　2棟の建物の間の広場や、奥の公園部分には、植栽やベンチ、テーブルが置かれ、キオスクのような花屋やカフェもあり、飲食ス

19世紀に開かれていた馬車に野菜を積んだ農家が集まる屋外マーケット
[©Museum of Copenhagen]

ペースにもなっている。さまざまなイベントが行われたり、週末には
フリーマーケットが開催されたりと、屋外も活発に使われる。ガラ
ス張りで四周からアクセス可能なマーケットは、屋外空間と一体
化していて、歩いていると広場に出たり、屋内に入っていたりと、
2棟に分かれていることすら忘れさせるくらいだ。

このマーケットの建設と並行してイスラエル広場全体の再生
計画も進んでおり、デンマークの設計事務所Cobeと、Sweco
Architectsによってリノベーションされ、2014年にオープンして
いる。もともとこの広場は駐車場として使われていたが、地下に
1100台の駐車場を確保した上で、地上はスケートリンクやバス
ケットコートなどのスポーツ広場、人々がくつろげる階段広場に生
まれ変わった。最寄りのノアポート駅前広場もCobeのデザイン
で、公共空間のリニューアルを通して街全体を再生する計画の中
心施設として、このマーケットが位置づけられている。

ちなみに、19世紀からこの広場で70年間行われていたマーケッ
トは、広場一面に馬車が並び、商品の売買が行われていたよう
だ(前頁写真)。非常にプリミティブで、時代の変遷を端的に示す象
徴的な風景だが、形は変われども、現在のTORVEHALLERNE
KBHは元のマーケットの姿に戻りつつあるように思える。近代化
の過程で生産と流通と小売が分離されたが、現代のマーケット
は、生産者と消費者をつなぎ、ローカルの質の良いものを販売し、
そうした商業を楽しむ人々が集まる場所となっている。本書で取り
上げているフードトラックや屋台が集まってモノを売るという、古い
けれど新しい姿は、懐古主義では決してなく、新しい技術と感性
で、本来の食文化を取り戻そうとする動きなのだ。

*1 はみ出しのルール化:売場と共用部(通路)の間に、このようなはみ出しエリアを設けている
商業施設は少なくないが、同じ種類の店が並ぶと、実質的に店舗の面積が広がっただけで、単
なる販売スペースとなってしまいがちだ。ここでは、隣りあう店舗の業態を変え、はみ出し方を変
化させることで空間の雑多性を獲得できている。

https://torvehallernekbh.dk/
Frederiksborggade 21, 1362 Copenhagen, Denmark

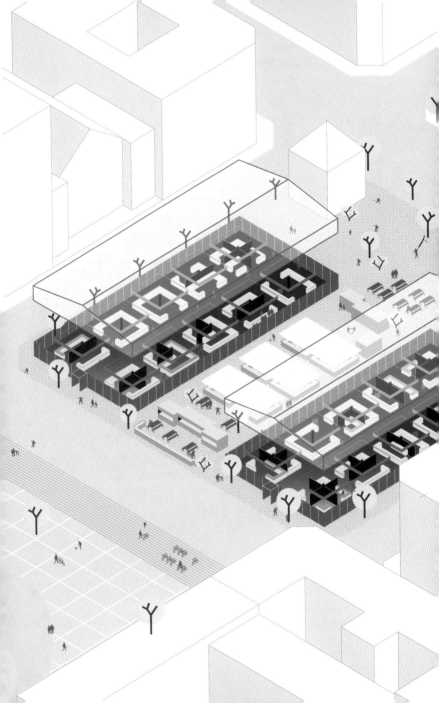

1 | TORVEHALLERNE KBHのあるイスラエル広場 [出典：CobeのHP]
2 | 2棟の間のスペースにはテーブル席やフードトラックが並ぶ
3 | 屋内外を一体的に利用する広場のようなマーケット

MAR-
KT-
HAL

都市のアイコン
となった
アパートとマーケット
が融合した建築

—

ロッテルダム

民間のアパートが公共のマーケットを覆う

「MARKTHAL（マルクトハル）」は、ロッテルダム中心部の歴史地区に2014年オープンした、マーケットとアパートの融合した建築。アーチ型のトンネルのような民間のアパートが、パブリックなマーケットを覆うという、世界でここにしかないダイナミックな建築だ。その特徴的な外観、意外性のある機能の組み合わせ、天井面の巨大グラフィックなど、そのインパクトは大きい。合理的に奇抜な形態をつくるダッチデザイン*1のメッカであるロッテルダムでも一際目立ち、多くの市民や観光客を集める場となっている。

　日本では、日本住宅公団（現在の都市再生機構）の団地のような分棟配置型のアパートの低層部、あるいは屋外部分で朝市が開かれるといったことは昔からあった。海外の都市でも、日用品や生鮮食品を販売するマーケットが開かれるのは、たいてい集合住宅の並ぶエリアだ。まったく違う建築用途でありながら、誰もが馴染みのある組み合わせなので、形は奇技だが極めてオーソドックスで合理的であるとも言える。

合理的で斬新なダッチデザインの真骨頂

設計は、ダッチデザインを牽引してきた世界的に有名なオランダの設計事務所MVRDV。マーケット部分は4600㎡の広さのスペースに生鮮食品を扱うブースが96あり、カフェやレストラン、物販店などのほか、地下にはスーパーマーケットと1200台が収容可能な駐車場などもある。いくつかのブースは2階部分をレストランやカフェの客席として使っている。

　マーケットを覆うアパート部分は12階建てで、全228室。賃貸と分譲が混在していて、80㎡の2ベッドルームの部屋から300㎡の5ベッドルームの部屋までバリエーションを揃えているのも特徴だ。マーケット側にも窓がついており、室内からマーケットを見下ろせるのも遊び心があって楽しい。

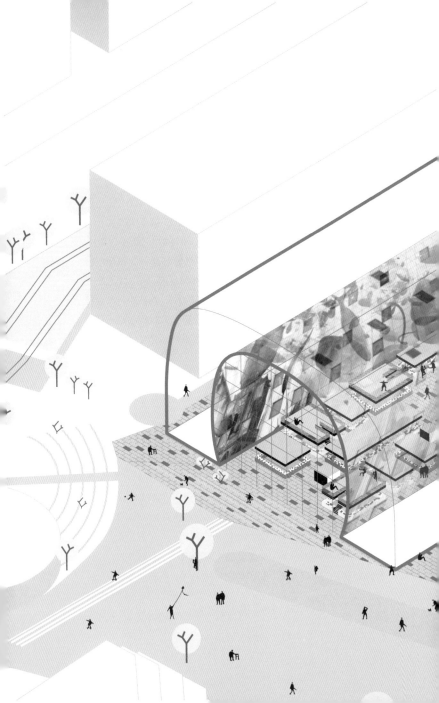

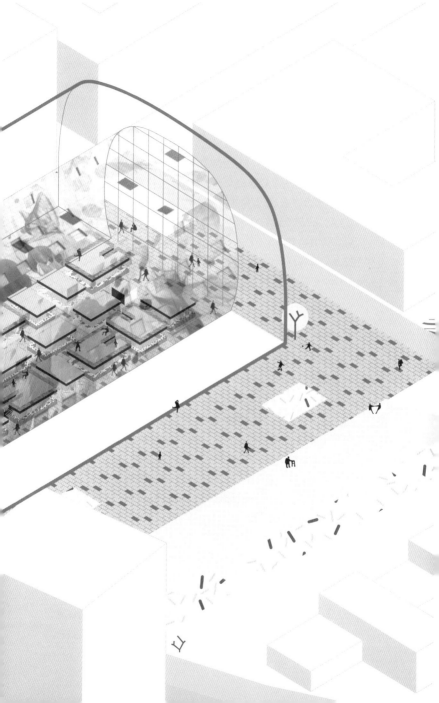

アーチ状の天井高さは約40mにもなるため、世界最大級の大空間とも言える。天井を埋め尽くす巨大なグラフィックはArno CoenenとIris Roskammによるもので、色鮮やかな食材が描かれている。アルミのパンチング板に印刷され、その表面積は11000㎡にもなる。マーケットに入った時に驚きを与えてくれるだけでなく、外部の広場からも見えるスケールで、都市空間に出現した巨大なアートワークのようにも感じられる。

ヨーロッパの教会建築などでは天井画があることが珍しくない。都市の中心となる公共的で神聖な大空間では天井が彩られてきた。MVRDVは、そういった天井画のある教会のような場が、現代においてはマーケットであると考えたからこそ、この空間に教会の天井画をオマージュするかのように、巨大で現代的なグラフィックを描いたのではないだろうか。

マーケットが都市を代表するアイコンになる

「ロッテルダム」という単語で画像検索するとまずMARKTHALの画像が出てくるほどに、都市を代表するアイコンとなった。ロッテルダムを訪れる観光客の多くが訪れるデスティネーションである。

一方で建設費に多くの投資をしたことで、マーケット部分の賃料が上がり、結果的にこのマーケットで売られているものは周辺に比べて価格が高いという評判もある。一般的な建築計画の中でも、どこで収益を上げ、どこに還元するかの分配を行うことはよくあるが、人々に価値を見出してもらうために何にコストをかけるべきか、コストに見合うだけの付加価値をどうつけるか、については当然慎重である必要がある。しかし少なくとも、従来の固定概念にとらわれることなく大胆なアイデアを形にし、世界中から注目されることは、都市にとって価値となる。

アイコニックなデザインで観光客を集客し地方都市を再生させたビルバオ・グッゲンハイム美術館（1997年）を20世紀型の都市再生モデルだとすると（6章参照）、MARKTHALは、マーケットが

都市を再生する、次世代のビルバオ・エフェクト[*2]であると言っても過言ではないだろう。アートから食へ、広場からマーケットへ、人々を惹きつけるコンテンツや場は移り変わる。マーケットが都市のアイコンとなる時代が到来した。

*1 ダッチデザイン：1990～2010年頃、合理的だが突拍子もないアイデアで目を引くオランダ人建築家たちによる建築が世界的な潮流を生みだした。レム・コールハース率いるOMA、ヴィニー・マースらが率いるMVRDV、ベン・ファン・ベルケル率いるUNStudioなどがその代表格。
*2 ビルバオ・エフェクト：1997年、工業都市だったスペイン北部のビルバオは、アメリカの建築家フランク・O・ゲーリー設計の彫刻的な形態のグッゲンハイム美術館ができたことで多数の観光客が訪れる観光都市へと一気に変貌し、莫大な経済効果を生みだした。1つの建築が都市を大きく変えたエポックメイキングな事例として「ビルバオ・エフェクト」と呼ばれるようになった。

https://www.markthal.nl/en/
Verlengde Nieuwstraat, 3011 GM Rotterdam, Netherlands

ロッテルダムを代表するアイコンとなったMARKTHAL

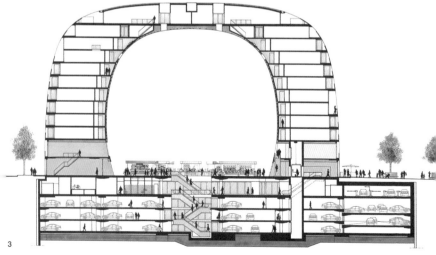

1 ｜ 12階建てのアパートが公共のマーケットを覆う
2 ｜ アパートの部屋からマーケットを見下ろす［出典：MVRDVのHP］
3 ｜ 中央のマーケットをアパートが包む特徴的な複合の形態
　　　［出典：WikiArquitectura］
4 ｜ 巨大グラフィックの大空間の下に96のブースが並ぶ

THE NED

元銀行のロビーを
オープンな飲食店の
集合体へ

—

ロンドン

歴史へのリスペクトとデザインの革新性

ロンドンの金融街の中心部に位置する旧ミッドランド銀行（1836年創立）は、イギリスの建築家サー・エドウィン・ラッチェンスによって1930年代に建てられた。一時はイギリスのビッグ4と呼ばれるまでに拡大したが、1992年にHSBCに買収され、2006年にはこの本社ビルを売却。それ以降、この歴史的建物は都心の一等地にありながら有効に使われてこなかった。2012年、世界中でレストランやホテルとメンバーズクラブを経営するSoho House & Coのニック・ジョーンズがこの建物の存在を知り、多くのホテルを経営するSydell Groupと組んで、この建物を250室のホテルにリノベーションすることになり、THE NEDが誕生した。

　銀行を改装したホテルとして、金塊の保管庫をプールにしたり、金庫室の扉をバーに活かしたり、さまざまな歴史的意匠が遊び心に溢れたデザインに落とし込まれているが、特筆すべきはパブリックなロビーフロア。通常のホテルの平面構成とは異なり、THE NEDのロビーは、高い天井高の空間を一切仕切らずオープンな一体空間とし、ホテルのファシリティを配置する代わりに、10のレストランやバーをすべてオープンカウンターとして配置している。高い天井の大空間の中に、ロングカウンターのバーがあり、ソファ席を並べたイタリアンレストランがあり、その向こうにはアイランド型のキッチンカウンターでカクテルを飲む人々が見える。複数の店舗が1つの大空間の中に存在し、すべてがオープン[1]なため、多様な人々の行為が多層的に可視化される。

　歴史ある建築ならではの意匠や家具の設えを活かし、古き良き時代の喫茶店のようなノスタルジーも感じさせながら、その配置を組み替えることでまったく新しい印象を生みだす。全体が1つの大きなストーリーを共有しながら、複数の店舗が入居することの楽しさが見事に演出されている。歴史へのリスペクトと、デザインによる革新性。それを小さく個性あるものを集めてミックスさせることで実現しているところに、ただならぬセンスと可能性を感じさせる。

*1 オープンネス：すべての経済活動がインターネット上で完結する時代の実空間の持つ価値は、思い思いに過ごしながらも周囲の環境の一員となり、自分がそこに参加している感覚を持てるところにある。そういう意味では、開くか閉じるかという議論は過去のものとなり、個の空間／活動を格納するオープンネスが、公共的空間の基準となる。

https://www.thened.com/london/
27 Poultry, London, EC2R 8AJ, UK

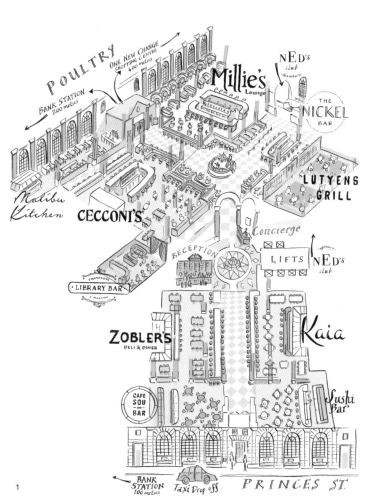

1｜元銀行のエントランスロビーに10のレストランやバーが集まる［出典：THE NEDのHP］
2｜カジュアルなカウンター席、ソファ席からテーブルクロスのある高級店までさまざまな店舗が同一空間に混在する
3｜歴史的な銀行建築の中に挿入されるロングカウンター

FOOD TRUCK FESTIVAL in OSLO AIRPORT

都市ブランディングの舞台となる空港のポップアップ

オスロ

空港でのアクティビティを豊かにする色鮮やかなフードトラック

空港ターミナルには、フライトを待つ人々のためにキオスク、飲食店、フードコートなどがある。国際ターミナルであれば、その国の玄関口ともなり、国や都市のブランディングにおいて重要な舞台となる。

2018年、オスロ国際空港のターミナルに、5台のフードトラックによるポップアップレストランが期間限定で誕生した（現在は営業終了）。季節やイベントによって設えを変えるポップアップスペースはよくあるが、空港にフードトラックを導入するのは珍しく、滞在客に飲食と居場所を提供するという、空港ターミナルの機能にもぴったりだ。各トラックは車両を改造した自走式のもので、トラック内部で料理をして提供する。そこで好きなメニューをテイクアウトし、近くのテーブルやゲートまで持っていってベンチで食べることもできる、キオスクと飲食店の中間的存在だ。その気になればトラックの配置を変えることも容易で、空間としても常に新鮮さをつくりだせる。

デザインを手掛けたのは、商空間を対象にインテリアからグラフィック、オペレーション、マーケティング、ブランドデベロップメントなどまで多岐にわたって取り組むカナダのデザインファームSmart。食のオペレーションから、色鮮やかで目を引くグラフィックまで統一的に計画・デザインされている。

これだけグローバル化した現代社会において空港は欠かせないインフラであるが、ターミナルビルに求められるものは変化しつつある。多くの人が一定時間を滞在するパブリックスペースとして、いわばサードプレイス的に、空間の質の更新が世界中で進んでいるのだ。航空産業と連動した都市間・国家間の競争と言っても過言ではない。そのような都市の公共空間によりよい居場所をつくるためのアイテムとしてフードトラックが使われ、あらゆる場所をポップに彩っていく。

Edvard Munchs veg, 2061 Gardermoen, Norway（営業終了）

1 | 空港でのアクティビティを豊かにするために挿入されたフードトラック
2 | 車両改造型のフードトラックを空港構内に設置
3 | セルフサービス機器も全体のデザインの中に巧みに配置される
4 | フードトラックやコンテナが集まって居場所をつくる

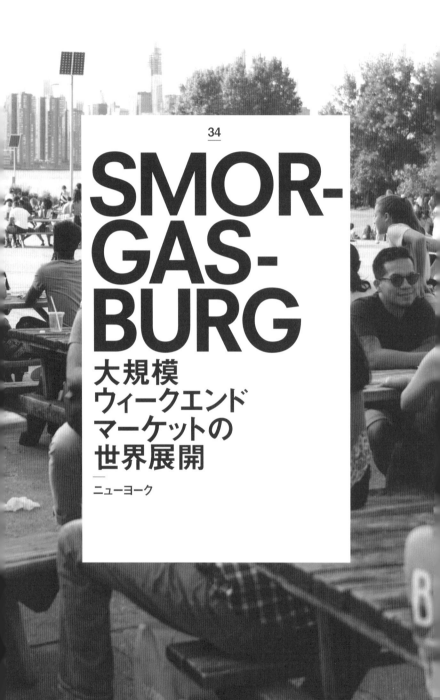

SMOR-GAS-BURG

大規模
ウィークエンド
マーケットの
世界展開

—

ニューヨーク

アメリカ最大級の屋外屋台イベント

「SMORGASBURG（スモーガスバーグ）」はアメリカ最大級のウィークエンドマーケット。ニューヨーク・ブルックリンの屋外広場に100以上の屋台が並び、毎週末2〜3万人が集まる。気候のよい4〜10月の毎週土曜日にウィリアムズバーグ地区、日曜日はプロスペクト・パークで開催されていたが、ワールドトレードセンターなど4カ所に拡大した。夏場のみの営業のため、まるでフェスのように、毎シーズン出店ラインナップが発表される。

SMORGASBURGは、ブルックリンのフリーマーケット「Brooklyn Flea」（2008年設立）のスピンオフとして2011年に始まった。広場にテントと折り畳み式のテーブル等を並べ、店を出すだけの非常に簡易なものだが、人々を惹きつける「食」のコンテンツの多様性が売りだ。一風変わったメニューや新商品を試せる場として、スモールビジネスのプラットフォームとしても機能している。

100軒以上の屋台が並ぶので、屋台の中でも競争が激しいはずだ。各店舗は、クオリティにこだわり、特色あるメニューを打ち出し、ブランドストーリーづくりを徹底し、SNSで告知を競い、インスタ映えするような設えなど、いろいろ工夫を凝らしている。さまざまな屋台に特徴あるメニューが並ぶが、それぞれ無農薬であったり、産地にこだわるなど、ファストフードでありながら、ここでしかないものが多い。それらが集合するしくみと場をつくり、プロモートしたのがSMORGASBURGの最大の功績である。

期間限定のイベントとして始まったSMORGASBURGだが、大変な人気でブランド化し、2016年からロサンゼルス、2019年からワシントンDCでも開催されるなど拡張していった。アメリカだけでなく、ブラジルや日本でも開催されたことがある。

設立4年後の2015年にはブルックリンのクラウン・ハイツに常設店舗「BERG'N（ベルゲン）」をオープン。複数の飲食屋台とバー、コーヒーカウンターからなるスペースで、中央はすべて客席となっており、エントランスの中庭に屋外席が並ぶ。店内で150席

程度、中庭の屋外席も含めるとおよそ200席程度の規模で、イベントスペースも含め約800㎡にもなる。近隣住民にサードプレイス*1的に利用されていたが、コロナ禍で閉店した。しかし、フェス的なSMORGASBURGのブランド力・地名度を活かしてローカルをつくる試みは、今後も続くだろう。

*1 サードプレイス：アメリカの社会学者レイ・オルデンバーグによって提唱された、自宅でも職場でも学校でもない第三の居場所のことで、Starbucks Coffeeなどは意識的にそのような空間づくりで成功したと言われている。以前は図書館や公園が担っていた役割を、近年ではカフェが担い、さらにはさまざまな施設がサードプレイス化を目指すようになってきている。

https://www.smorgasburg.com/
90 Kent Avenue, Brooklyn, NY 11211, USAほか

1 | SMORGASBURGの人気店が集まった常設のフードホールBERG'N
2 | アメリカ最大級の屋外屋台イベントSMORGASBURG
3 | ブースは簡易な造りながら、提供するコンテンツのクオリティは高い

NEXT FOOD TRU-CK

フードトラックの未来形

—

世界各地

シチリアの特大パニーニ・トラック

イタリア・シチリア島のカターニャでは、大型のバスや4トントラックを改造した巨大なパニーニ・トラックが、ビーチ近くの駐車場や、街中のバス停脇の広場、テーマパーク入口付近等、人が集まる場所に停車して営業している。移動はしないので、まるでそこに建っている店舗のようだが、運転席やエンジンなどはそのままで自走が可能だ。パニーニはイタリア風のサンドイッチで、パンと中に挟む具材を選ぶことができる。ボリュームもあり、挟む肉やソーセージをその場でグリルしたり、野菜や付け合わせも種類が豊富で本格的だ。もちろんドリンクもあるし、フライドポテトのようなサイドメニューも充実している。基本的にはテイクアウト形式で、トラックの脇や歩道に椅子とテーブルを出して飲食できるようにしているトラックもあるが、イタリア人は買ったものを広場や海辺に座って食べるなど、テイクアウトの仕方がうまい。そんな国民性もあり、片手で持てるパニーニが、フルスペックの設備を備えた特大フードトラック・カルチャーとして定着したようだ。

リオデジャネイロの八百屋バス

ブラジル・リオデジャネイロでは、多くの人が住むファベーラ[1]の入口付近に、移動販売の八百屋のバスが来る。スクールバス程度の大きさのバスを改造したもので、後方のドアから入ると両脇にトマトやジャガイモやレタスなどのさまざまな野菜が並んでいる。商品を選んで、運転席にいる店員に代金を支払い、前方のドアから外に出る。もちろんバスは自走可能で、複数の地点を巡回しているようだった。店舗として移動が可能なことで、効率よく販売ができるし、仕入れも容易だ。軽トラックの荷台に積んだ商品を売るような移動販売はよく見かけるが、車内が店舗になっているところがユニークだ。ファベーラはもともと住宅地ではなかった斜面などに広がるため、街まで買い物に行くより、店舗が来てくれる移

シチリアのパニーニ・トラック

動販売の方に需要があるのかもしれない。

アムステルダムのストリート・ベーカリー

ヨーロッパ各地で週末などに開催されるストリートマーケットは、車両を改造した販売店舗やフードトラックを利用した屋台での出店が近年増えている。アムステルダムでもいろいろな通りでマーケットが行われるが、昔ながらのマーケットでは小さなワゴンや簡易な架台などを並べて商品を売るのに対し、通りによっては車両を改造したトラックでの営業が主体のマーケットも多い。屋根やパラソルなどの特別な設えを必要とせず、車両がそのまま売り場となるため、少し広めの道を歩行者天国とし、両サイドに車を停めるだけで、そのまま営業できるし、出店者のための駐車場を別途用意する必要もない。搬入・搬出も、設営も非常に楽だ。車両の改造を行う業者も複数いるようで、さまざまなカスタマイズが可能で、車の方がマーケットへの出店に特化した進化を遂げている。マーケットのために都市の設備をあれこれ整備するよりも、柔軟でよいのかもしれない。なかでも一際大きかったのが、「FOODHALLEN」(事例07参照) 脇のストリートマーケットのベーカリー・ショップ。トラック側面の扉を跳ね上げ、路上に大きな庇を出すと、パンが美味しそうに陳列されたショーケースが一面に現れる。道に車を停めて営業するという次元を超え、店舗と道路がシームレスにつながった、新しい買い物体験ができる。

トリノのウィークエンドマーケット

トリノの通称「バルーン・マーケット」は、週末限定で公園の広場が大規模なマーケットとなり、営業中にバルーンを飛ばすことからその名がついた。屋根付きのマーケット広場を中心に、周辺の広場や街路に多数の店舗が出店する。野菜、肉や魚などの生鮮食品、チーズなどの加工食品から、洋服や靴、カバン、携帯電話な

ど、さまざまなブースがあり、ここに来ればなんでも揃う。売るものによって店舗の形もさまざまで、ワゴンに商品を並べたり、テントを店舗にしたり、道端に段ボールを積み上げているだけの店舗もあるが、ここでも多くの車両改造型店舗が見られる。冷蔵を必要とするような食料品を扱うトラックや、電車のように長い手押し車型の野菜販売、荷物運搬用バンの上部に搭載された庇がトランスフォーマーさながらに変形して屋根となるなど、さまざまな業態に対応できるような改造車カルチャーが育っている。

ロンドンのピザ・トラック

ロンドンの「BRICK LANE MARKET」(事例17参照)の一角、ELY'S YARD FOOD TRUCKSでは広場に車両改造型フードトラックと客席が並び、飲食を提供している。そのうちの1つが大型トラックを改造したピザ・トラックだ。移動型のフードトラックなのに本格的なピザ釜を備えているというのが目を引くが、熱源を考えると理に適っている。フードトラックは電気やガスなどインフラとの接続がしばしば問題となり、高価な発電機(しかも電気容量を制限される)を搭載したり、プロパンガスのボンベを搭載したりすることが一般的だ。ピザ釜に薪を入れて火を起こすようにつくれば、インフラフリーでそういった心配が不要となり、ピザも本格的につくれて一石二鳥だ。

移動販売というのは、需要があれば生まれる初源的な商売の形だ。それが現代においては、車両改造によるマーケットトラックやフードトラックが活用され、世界中の都市でそれぞれの事情に合わせて独自のカルチャーが生みだし、どんどん進化している。

*1 ファベーラ：いわゆるスラムだが、南米では都市化の過程で多くの人々がファベーラに住み着き、そこそこの質の住宅が設置されているため下町の住宅地のような存在で、住民の大部分がファベーラに住む。とはいえ、南米のファベーラは地域のギャングに仕切られているので、よそ者や観光客が立ち入るのはかなり危険が伴う。

1 | リオデジャネイロの移動
　　式八百屋バス
2 | ロンドンのピザ・トラック
3 | 改造トラックで出店する
　　トリノのマーケット
4 | フードトラックの原型とも言える移動販売
　　も言える移動販売
5 | アムステルダムの巨大
　　なベーカリー・トラック

COM-MUNE

仮設・実験・可変的な アーバンカルチャーを 育てる場所

—

東京

都心の一等地の暫定利用

「COMMUNE（コミューン）」は、東京・南青山の路地状の変形敷地を暫定利用した、フードトラック・ファーマーズマーケット・イベントステージ・シェアオフィスなどが集合した屋外型文化施設。表参道の交差点すぐの細長い土地を期間限定で活用するという計画で2014年にスタートした（前身のcommonsは2012年）。当初の予定では2年間限定だったが、非常に好評だったため2年ごとの更新を繰り返し、土地の契約が終わる2021年まで延長された。

　ビル群の隙間に10の個性的なフードトラックが並び、イベントステージとして利用されるエアドーム、シェアオフィス、店舗、カルチャースクール「自由大学」やカフェが入る。食べる・働く・遊ぶ・学ぶ・話す・集まる・買う、といったあらゆるジャンルが、少しずつミックスされているのが特徴的だ。大きい建築をつくる代わりに、敷地内に小さな建築・フードトラックを点在させ、緑や家具、サイン等のグラフィックや照明、アートなどあらゆるものにこだわった小さなカルチャーの集合体として多くの若者に支持されてきた。

　COMMUNEをプロデュースしたのは、家具ブランドIDÉEの創業者として知られ、数々の新しいカルチャーをつくりだしてきた黒崎輝男率いる流石創造集団で、運営は子会社の株式会社COMMUNEが行う。フードトラックエリアは、隈研吾・千葉学・小渕祐介が率いる東京大学大学院建築学専攻のスタジオT_ADS（University of Tokyo, Advanced Design Studies）がマスタープランと設計を請け負った。当時、筆者は東京大学隈研吾研究室の助教を務めており、アジアの屋台を研究していたこともあって、プロジェクトを実質的に担当させてもらうことになる。暫定的で可変性・可動性のある屋台（フードトラック）こそ流動的な都市生活のサステナビリティを支えると考え、各フードトラックもサステナブルな素材でつくる、言わばダブルミーニング的なコンセプトを立て、竹・石・土・木・鉄・間伐材の割り箸などの素材で製作した。設計は、東京大学の3研究室と、研究室周りの若手建築家[1]たちとで行っている。

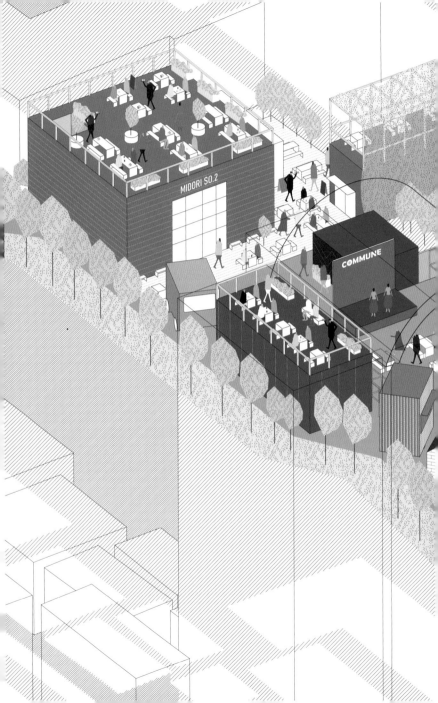

産業構造も変える、カルチャーの育成

同じ青山の国連大学前の広場で2011年からスタートし、週末の東京の風景として定着した青山ファーマーズマーケットも黒崎らが企画・運営し、相当数の来場者数を誇る。そのため、2019年のリニューアルでは、フードトラックのレイアウトを大きく変えて[*2]エントランスに常設のファーマーズマーケットを設置した。こちらも筆者の設計事務所MOSAIC DESIGN Inc.で設計をしたが、このマーケットには固定の屋根がないため、実は建築物ではない。路地状の敷地内に道を通すように、建物としてではなく、あくまで道の延長として、屋外型の、しかし常設のストリート型マーケットとはどうあるべきかを考えデザインした。売り場の領域を形成するように上屋を組み、仮設のテントで雨をしのぎ、形の違う什器が場所をつくる。内部には8つの形の異なるディスプレイ什器を置き、最大8軒の農家が日替わりで野菜や果物等を売ることができるようになっている。

　黒崎らは当初から、環境問題やサステナビリティ、食のオーガニック化など常に時代の先端の概念を取り入れてきたが、COMMUNEはさらに生産者と消費者の距離を縮め、食を通して産業構造に変化をもたらすことへの挑戦でもあった。

日本における屋外の飲食のハードル

COMMUNEは、フードトラックで飲食を提供し、屋外のテーブルやカウンターで飲食できる、新しい人の集まり方をつくった。東京では当時唯一だったといってもよいユニークな場所となったため、東京在住の外国人が多く集まることで知られた。それは、海外では、広場やカフェの屋外席で飲食することがごく当たり前に行われているからだが、東京では屋外での飲食営業は厳しく制限されている。道路は道路交通法で使用が厳しく制限されていて「公共のもの」なのに勝手に使えない。建築は主に建築基準法で規制されているが、1つの敷地に複数の建物を建てるのは原則

的に認められていない*3。また、飲食店を営業するにあたっては
「区画」をしなければならず、屋外では原則認められない。

　そんなさまざまな規制を合法的にかいくぐるべく編み出したの
が、敷地を駐車場扱いとして車庫証明を取り、トレーラーのような
被牽引車のシャーシを製作してナンバーをとった上で、シャーシの
上に「荷物」として保健所の設備要件を満たした上屋を乗せる
というアイデアだった。

　設備が整った車両改造のキッチンカーであれば、扉も閉じて区
画できるため合法的に営業は可能だが、今回はもっとユニーク
なことができないか?というところからプロジェクトがスタートしてい
る。実際に、上屋の製作は埼玉の工場で行い、それを車で牽引
して青山の敷地に搬入した。こうしてすべてのフードトラックを若
手建築家たちが自由にデザインすることが可能となり、期間限定
だったこともあって実験的なデザインが集まり、それらの集合が、
場所のユニークさを生みだしている。

　仮設的で、暫定的で、実験的で、可変的で、小さな単位で、
さまざまなものがミックスされることで、新しくて楽しいことに挑
戦してみようという空気が生まれる。それに魅せられ多くの人々
が集まり、カルチャーがつくられ、新しいコミュニティの場が育
つ。これからの都市を盛り上げるPOP URBANISMの要素が、
COMMUNEにはすべて詰まっている。

*1 T_ADSの建築家：COMMUNEのフードトラックエリアの設計は、東京大学T_ADSの隈研
吾研究室、千葉学研究室、小渕祐介研究室、当時千葉研究室の助教だった海法圭、小渕研
究室の助教だった木内俊克、隈研究室の助教だった筆者（MOSAIC DESIGN Inc.）、上領
大祐、山路哲生（Commune 2nd〜）らによる。
*2 レイアウト可変：すべての店舗が可動式なので、レイアウト変更が非常に容易。実際、半日
程度ですべての店舗の配置換えが完了した。
*3 建築基準法をかいくぐる：「1敷地1建物」という原則で、用途上不可分、つまり母屋と離れ
のトイレといったようなもの以外は同一敷地内に複数の建物を建てることは認められない。建設
後に敷地分割したりするとややこしくなるといったことが、その主な理由と言われている。

東京都港区南青山3-13（営業終了）

1 ｜ フードトラック、マーケット、イベントステージ、シェアオフィスが集合した屋外型文化施設
2・3 ｜ 路地を拡張するように新設したファーマーズマーケット［撮影：Kazutaka Fujimoto］
4 ｜ 都心のエアポケットのような場所が連日賑わいを見せた［撮影：Kazutaka Fujimoto］

日本における屋台の未来

消えた屋台、増えるキッチンカー

日本では、以前は屋台や八百屋・魚屋などの移動販売は一般的だったが、現在ではほとんど見かけることはなくなった。駅前にあったラーメンやおでんの屋台も、今では原則許可されない。公道（公の道であるにもかかわらず！）を使用するにはさまざまな申請が必要で、保健所の営業許可も厳格だ。地域活性化と絡めた「マルシェ」が流行したり、被災地や過疎地を支えるコンビニ移動販売車といった取り組みが見られるようになったが、調理・飲食を伴う店は、屋外では未だ制約が多い。

こうしたなか、キッチンカーはかなり増えて一般的になってきた。屋外での飲食営業については、調理工程によって決められるメニュー数の制限や、メニューによって異なる容量の水タンクの設置義務、「雨風、砂埃や害虫の混入を防ぐ」ため調理場を他と区画することなどの営業許可要件があり、実態としては「自動車営業」ほぼ一択だというのがその背景だ。

本来、海外の公共空間と同様に屋台やマーケットに関する規制を緩和したいが、日本でキッチンカーが増えていること自体は、都市空間に賑わいをもたらし、広場や公開空地を有効活用でき、都心の過密地域で

今では原則許可されない日本の屋台

食の選択肢を増やし、小さな単位で参入できるビジネスの可能性を生みだしている。

2000年代からキッチンカーによるプラットフォームビジネスがいくつか出始め、特にオフィス街でのランチ需要で成功した。たとえば、Mellowは、2022年末時点で2000を超えるキッチンカーと提携し、東京都内のビルの空き地を中心に約800地点で営業をする、不動産オーナーとキッチンカーオーナーをつなぐプラットフォームだ。こうしたビジネスは、コロナ禍需要で増加傾向にあるという。

日本の公共空間を豊かにするために
日本の公共空間は、まだまだ発展途上だ。気軽に使えるベンチや広場や公園などが少なく、街の中で一息つくにはカフェを探すしかない。本来、公共空間を創出するために容積率緩和等とセットで設けられる公開空地ですら、座る場所も少なく入りづらいというケースは少なくない。

そうした公共空間に設置されたキッチンカーは、販売のみのものがほとんどで、その場で飲食したり滞在できる事例は少ない。まずはテーブルやベンチ、パラソルなどを設置して利用者が滞在できるパブリックスペースを設え、そこに人が集まるようになれば、さらに新しいビジネスのチャンスが生まれる。そうやってマーケットは発生し、都市がつくられてきた。今、世界のさまざまな都市で、車両を改造したマーケット・トラックやキッチンカーがローカライズされ、独自のカルチャーを生みだしている。高い衛生意識と厳しい制約から生まれた日本のキッチンカーが、どんな都市を生みだすか、次の一手を考えていきたい。

筆者が立ち上げたFOOD & the CITY 研究会（小林恵吾・宮原真美子と協働）で製作し、「瀬戸内国際芸術祭2022」の会期中、小豆島で期間限定で営業したフードトラック「TRACK/TRUCK」。軽トラックの荷台にキッチンユニットを載せることで「自動車営業」許可をとっている。トラックの荷台に見立てた魚の干し網でつくったダイニングスペースで、地元の鯛を使ったフィッシュ&チップスを提供した

Chapter

06

新しい
集まり方が、
都市を
動かす

人の集まり方の変化

トラヴィス・スコットのFortniteライブ

2020年4月、オンラインゲーム「Fortnite（フォートナイト）」のヴァーチャル空間内で、アメリカのヒップホップアーティスト、トラヴィス・スコットのライブが行われ、全世界で同時接続数1230万人、3日間で延べ2700万人がライブを見にゲーム空間内に集まった。

　ヴァーチャル空間で行われたライブはこれまでもあったが、仮想のステージ上でアーティストのアバターが演奏するといった類の、現実のライブを擬似的に再現したものがほとんどだった。それに対してトラヴィスのライブは、仮想空間内の街や山やビーチといった空間を巨大なトラヴィスが縦横無尽に飛び回り、巨大な火の玉が爆音と共にプレイヤーを吹き飛ばしたりしながら曲を演奏する（p238写真1）。ヴァーチャル空間ならではの現実離れしたコンテンツでありながら、その場に居合わせた他の観客の存在もあり、極めて高い没入感を感じさせる体験を提供した。スポーツ中継等でも世界で相当数の人々が同時に視聴するということはあるが、それはあくまでメディアを通じた視聴であって参加とは言いがたい。参加者自身がその世界の一部となるこのライブは、それまでとは明らかに違う、そこに「集まっている」という体験をもたらした。

　Fortniteは仮想世界内で100人のプレイヤーが生き残りをかけて戦うバトルロワイヤル型シューティングゲームだが、ゲーム内でのプレイヤー同士の相互通信や共同プレイなどで新しいコミュニティを形成し、さまざまなライブやイベント等でリアルとヴァーチャルを跨ぐことに成功した。アメリカの人口を超える4億人以上のユーザー数を持ち、企業とのコラボレーションやアイテム販売なども盛んで、2021年には58億ドル（約7千億円）の売上があったそうだ。オンライン・プラットフォームとしては世界最大級であり、ポスト・イン

ターネットと目される「メタバース」に最も近い存在と言われることもある。トラヴィスのライブは、ポスト・インターネットの世界を予見させるオンラインとオフラインが統合された「集まり方」で、コミュニティのあり方の変化を感じさせる出来事であった。

タイのプリミティブなフェスティバル

それとは対極的に、世界の大部分は未だプリミティブな集まり方が主流であるとも言える。2013年にタイの北部ウッタラディットという、タイ人もほとんど訪れたことのないような人口45万人ほどの田舎の街に行くことがあった。その週に偶然フェスティバルが開かれていて、大きな公園に設けられたブースに洋服や雑貨といった日用品、野菜や食料品、飲食屋台などさまざまな店が出店していた（p238写真2）。しかしその場は、ただのウィークエンドマーケットの域を超え、ここぞとばかりに人を惹きつける仕掛けと、集まった人にモノを売ろうという熱気に溢れていた。

　縁日で見かける射的やピンポン台から、小さなメリーゴーランドや可動の遊具もあり、象までいる。サーカスのような出し物が上演され、中央のイベントスペースではダンスショーが催され、宝くじの当選発表などもやっている。それと同時にあちこちで、新しい調理器具を実演販売していたり、占いコーナーやマッサージコーナーがあったり、地雷で手足の一部を失った人々への寄付を募るブースがあったり、複数の自動車メーカーがコンパニオンをつけて新車を売るショーケースまである。人々を集めるために多様なコンテンツが企画され、それをビジネスチャンスとして企業が集まる、極めてプリミティブで素朴な、しかし本来のマーケットの姿があった。

　そのプリミティブさにノスタルジーを感じてしまうのは、これまでも都市はずっと、このような現象を活用してきたからだ。他に娯楽が少なかった時代には、季節ごとに行われる祭りが皆の待ちわびる娯楽であり、週末に行われるマーケットが消費の場であった。

　都市の近代化の過程でさまざまなことが専業化・分業化され、

1 | 中央に出現した巨大なトラヴィス
にプレイヤーが吹き飛ばされ、オン
ライン・ライブが始まる
［出典：Fortnite FAIZ］

2 | ウッタラディットのフェスティバル

3 | Amazon Goの店内。アプリでロ
グインしてゲートを入り、商品を選
んで会計をせずに店を出る

祭りのようなイベントですらコンテンツごとに先鋭化されていった。アートフェスティバル、ブックフェスティバル、ファッションウィーク、モーターショーというように、各分野に特化したイベントが行われる。形は変われども、都市は人々を集めるコンテンツを渇望し、同時に人々は集まることで生まれるチャンスに群がった。それが、都市を動かす原動力だった。

オンラインとオフラインを跨ぐ、新しい集まり方

トラヴィスのライブは、新しい「コミュニティとしての集まり」だった。それは決してオンラインVSオフラインではない。現実世界であるオフラインの延長線上としてオンラインが存在し、そこでのコミュニティが現実世界と一体化される。「体験の時代」だと言われる現代において、コミュニティの価値は変わりつつある。たとえばAmazon の完全無人店舗「Amazon Go」では、入店時にAmazonのアカウントでログインし、商品を選んで会計はオンラインで済ませて店を出る（p238写真3）。そこでの買い物は、全世界に広がるAmazonというコミュニティに属していることで成立する。

　オンラインとオフラインの境界が曖昧になった結果、人々の集う「コミュニティ」が、距離に縛られることなく広がり、多様になった。それは、ファンのコミュニティであったり、生活を便利にするコミュニティであったり、同じ志向を持つ人々のコミュニティだったりする。オンラインとオフラインの関係が変わることで、結果として、新たなコミュニティが発生し、コミュニティの重要度が増し、トラヴィスのライブのような新しい集まり方を実現する要因となった。

　トラヴィスのことを知らないゲームのファンも、面白そうなイベントとして参加していただろうし、ゲームをやっていなかったトラヴィスのファンも、Fortniteのアカウントを作成してライブを聞きに集まっただろう。Fortniteのコミュニティと、トラヴィスのコミュニティ、あるいはヒップホップのコミュニティが、混じりあったために3日間で2700万人が集まり、まるで現実世界のマーケットのような、あるいは都市

のような状況が発生した。最先端のテクノロジーを駆使したまったく新しい試みであったが、それでもまだタイのフェスティバルのような、プリミティブな構造の上で成立している。ライブ内でパフォーマンスされた新曲はビルボードで首位となり、関連グッズ販売では莫大な利益を生み、当然Fortniteのユーザー数の増加にも寄与したはずだ。

　一方で、タイのフェスティバルは、一定期間にコンテンツを集中させる「イベントによる集まり」だ。大小さまざまなイベントが開かれ、人が集まり、ビジネスのチャンスが生まれる。ファッション業界ではシーズンごとにセールをやるし、飲食店にも期間限定メニューがあり、スーパーマーケットでも曜日ごとに特売をやる。ライブイベントにグッズ販売ブースが出るように、イベントから別のビジネスも派生する。人々を集めるために都市のコンテンツを更新し続けることでのみ、都市は進化するのだ。そして都市の更新欲求は、インターネットやSNS、グローバリズム、テクノロジーの進化など、さまざまな要因によってこれまでになく加速している。

　POP URBANISMは、そんな時代のコンテンツを収納する、新しい箱のあり方だ。イベントによる集まり方と、コミュニティの集まり方、どちらにも対応する箱だ。これまでは、店舗やブランドといったコンテンツには、それ専用の箱が必要だった。そしてその箱は固定されて変えづらいものであった。しかし、更新欲求の加速する現代では、専用の立派な箱は使いにくい。たとえコンテンツ専用の箱がなくても、公園にテントを並べてマーケットを開催することができるし、使われなくなった古い倉庫に仮設の什器を並べて、期間限定の店舗をつくることもできる。大資本を投じて大きな箱をつくる代わりに、小さな個人事業者の箱を集めて大きくすることができる。こうした柔軟なやり方が、「POP URBANISM」だ。

　構成単位の小ささと、さまざまなものを並べるという多様な組み合わせのしくみが、コンテンツの更新を促し、時には箱の形自体を変えながら、常に新しく魅力的な都市空間をつくる。このような集まり方はやがてコミュニティとなり、人々の参加を促し、帰属意識が生まれ、それがSNSやインターネットを介してさらに広がり、

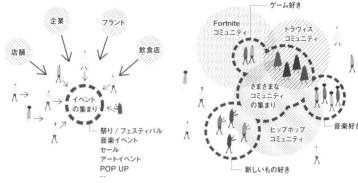

イベントベースの集まり方
イベントを起こすことで人を集め、ビジネスの基点をつくりだす

コミュニティベースの集まり方
いろいろなコミュニティが集まって、自然につながる

「コミュニティとしての集まり方」と「イベントによる集まり方」の違い

特に用事がなくても、あそこに行ってみようという目的地となる。
POP URBANISMは、タイのフェスティバルのような都市の本質
的な欲求に忠実に従いながら、トラヴィスのライブのように話題を
嗅ぎつけた人々が集まってコミュニティをつくりだすことのできる、
新しい箱であり、新しい集まり方なのだ。

02

POP URBANISMを
生みだす要素

本書で取り上げた事例を考察すると、POP URBANISMとして
欠かせない要素が浮かび上がってくる。

アクティビティのミックスと可視化

POP URBANISMは、商業空間でもあり、コミュニティ空間でも
あり、イベントスペースでもあり、ワークスペースでもあり、娯楽ス

ペースでもある。そこでは買い物もできるし、友人と食事もできるし、仕事もできる。住民が日用品を買うこともあるし、観光客が土産物を探すこともある。こうした複数の行為がミックスされた状態によって、どこで何をしてもよいといった寛容な空間が生まれる。

　これまでは、テナントの売り場と共用の通路の境界が厳格に線引きされていたが、人々の行為がミックスされることで境界が曖昧になり、空間のルールが崩れていく。効率的に店舗や什器が並ぶ近代的空間ではなく、食事をしているカウンターの横の有機食品売り場で買い物をして、その先にあるギャラリーでアーティストと会話をするといった、いろいろな行為がごちゃごちゃに混ざった空間こそが、人を惹きつけるようになった（p243写真1）。

カルチャーはディテールに宿る

今は、つくり手の思想や、商品やブランドのストーリーに消費者が共感しないとモノが売れない時代と言われる。それをオンライン上のプロモーションではなく、実空間で体感してもらうには、商品やブランドのカルチャーをいかに空間に反映させるかが重要になる。そして、素材の使い方、オペレーションと什器のレイアウト、グラフィック、色彩や照明、仕上げのグレード感や手の抜き方といった空間のディテールにこそ、ブランドのカルチャーは反映される（p243写真2）。それに共感した消費者は、やがてブランドのファンになる。

空間化するグラフィック

店舗の看板やブースを特徴的なグラフィックで統合的にデザインしたニューヨークのMERCADO LITTLE SPAIN（事例11、p243写真3）や、倉庫建築に大きなミューラルを施すことで場のイメージを刷新したオスロのVIPPA（事例05）、マーケットの天井に11000㎡にも及ぶ巨大なグラフィックを挿入したロッテルダムのMARKTHAL（事例31）など、グラフィックを効果的に空間に利用したプロジェク

1 | 店舗、看板、テーブル、
照明等にさまざまな素材
がMIXされた、ロッテル
ダムのFENIX FOOD
FACTORY
2 | 空間のディテールにブラ
ンドのカルチャーが宿る、
ロンドンのMERCATO
METROPOLITANO
3 | スペイン人アーティストに
よるグラフィックと空間が
一体化したMERCADO
LITTLE SPAIN

トが増えている。しばしば文字でメッセージが書かれていたり、これまでにないような派手な色使いのものもある。それらは単なるインテリアの装飾ではなく、グラフィックと空間が融合することでメッセージを発し、メディアとして機能する。

小さな単位の集合体

POP URBANISMは、店舗やブースの単位を通常より小さくし、数を増やし、空間やコンテンツの多様性を生みだす。数が多いからこそ部分的な更新が容易であり、ユニットの単位が小さいからこそ可能なレイアウトがある。ロンドンのBOROUGH MARKET（事例25、p246写真1）は、Y字路を効果的に使う。通路の正面となるアイストップに店舗を置き、左右に人が流れるとまたその先にアイストップとなる店舗が見える。従来の商業施設ではテナントの区画面積をあまり小さくできないため、これが意外と難しい。ロッテルダムのFENIX FOOD FACTORY（事例03）では、明確な通路がなく、人々の座るテーブルの間にコーヒーカウンターや店舗が混ざり込む。単位の小ささが人とコンテンツの接点を豊かにして楽しさが増す。

外壁を開いて都市と一体化する

ヘルシンキのHAKANIEMEN KAUPPAHALLI（事例27）やコペンハーゲンのTORVEHALLERNE KBH（事例30、p246写真2）などの広場型で四周からアクセス可能なプロジェクトでは、外壁面をガラスで開放し、店舗をアイランド型に配置しているものがよく見られる。通常、商業施設では壁を背負って各店舗を配置した方が効率がよい。その結果、商業施設は壁で閉じられ窓もほとんどない閉鎖的な建物となる。あるいは個別の店舗のショーウィンドウのみが外観に露出する。一方、店舗をアイランド型として外周にも廊下を配置すると、ガラス張りのファサードから屋内の賑わいが可視化され、広場や街路と一体的に利用しやすくなる。

個性と統一のバランス

ニューヨークのESSEX MARKET（事例28、p246写真3）は照明を仕込んだサインフレームのフォントを揃え、統一感を重視する。一方、コペンハーゲンのTORVEHALLERNE KBH（事例30、p246写真3）はシンプルなレイアウトでサイン面を統一させながら表面のタイルで各店舗の個性を出している。ロンドンのMERCATO METROPOLITANO（事例08）も木下地でDIY感のあるサインながらグラフィックを統一し、施設全体のブランディングに寄与する。ニューヨークのCHELSEA MARKET（事例10）やロンドンのBOROUGH MARKET（事例25、p246写真3）は、ところどころに施設の枠組みは見えるもののほとんど各店舗のサインで上書きされていて、多様性を出す。また、コペンハーゲンのREFFEN（事例04）やロンドンのMALTBY STREET MARKET（事例18）といったより出店者の個性が強く出るプロジェクトではサイン等の統一はなく、さまざまな素材・色彩・大きさが入り混じる。それらの個性と統一のバランスは正解があるわけではないが、旧来のフードコート等に見られるような、施設側がサイン枠を用意して各店舗のロゴをそこにはめるといったやり方はほとんど見られない。施設とテナントの関係性を柔軟にし、店の個性を際立たせる表現を強化すると、施設の目指すものが可視化される。

オンラインでのコミュニティづくり

ほとんどの施設は、独自のホームページやインスタグラムのアカウントを持っていて、常に出店者の情報や、行われたイベントの様子、映える食べ物の写真、フィロソフィーなどが発信されている。多様な店舗の集合体であるため、更新するコンテンツは多い。各店舗とその集合体としての施設の双方向かつ多角的な発信ができるため、各店舗のコミュニティと、施設全体のコミュニティ、近隣のローカルコミュニティなどが交差する場が生まれる。

1｜Y字路にアイストップを設けた
　　BOROUGH MARKET
2｜外壁はガラス張りで開
　　放され、屋内外をつなぐ
　　TORVEHALLERNE KBH
3｜個性と統一のバランスを
　　駆使したサインフレーム。
　　左：TORVEHALLERNE
　　KBH、右上：BOROUGH
　　MARKET、右下：ESSEX
　　MARKET

03
POP URBANISMが
変えるもの

極小のビルバオ・エフェクトを起こす

本書では、36の事例を取り上げた。世界で広がる最新のトレンド
と読むこともできるし、都市の近代化の過程で忘れられた本質を
現代に取り戻す取り組みと読むこともできる。

　それぞれのプロジェクトは、規模はさまざまであっても、都市開
発の流れを変えるような力を持っている。これまで使われていな
かった場所に人が集まる建築ができると、エリアの治安が良くな
り、住民層が変化し、地価が上がり、都市環境が向上する、と

ビルバオ・グッゲンハイム美術館 [©MykReeve]

マレーシアのKopitiam

いった流れが生まれる。

　1都市を変えた建築の代表格は、アメリカの建築家フランク・O・ゲーリー設計のビルバオ・グッゲンハイム美術館だ。スペインの田舎の工業地帯を年間数百万人が訪れる観光都市に変えたことは「ビルバオ・エフェクト」と呼ばれ、その後、世界中で試されることになる。現代は、いったん成熟した都市の構造を引き受けながら、いかにして再度活性化させるかという、都市再生の時代。そこにどのような種類の、どのようなサイズのカンフル剤を打ち込むかが鍵だ。

　ビルバオでは世界的に著名な美術館の誘致という強力なカンフル剤が打ち込まれたが、美術館の建設そのものよりも、それによって人が集まり、認知度が高まり、都市のイメージが変わり、ホテルやショッピングモールがオープンし、飲食店や店舗も増えるなど、建設費以上の経済効果が生まれたことが、大きな意義を持つ。

　しかし、流動性の高い今の時代に求められているのは、グッゲンハイムのような大きな投資を伴うビッグプロジェクトではなく、小規模で、コストパフォーマンスの良い、気軽に始めることのできる、いわば極小のビルバオ・エフェクトである。

　ビッグプロジェクトをやる代わりに、小さく、仮設的でも、期間限定でも、始めさえすれば、コミュニティが生まれ、地域独自のカルチャーの芽が出る。楽しければ、参加する人も増え、徐々に場が育っていく。育てば育つほど、雇用が生まれたり、新しい企業が参加したり、カルチャーが育っていく。そういった効果は、都市部だけでなく、郊外でも、地方都市でも、さまざまな環境の下で機能する。外からコンテンツを持ち込むのではない、プラットフォームベースのローカルに根ざした「エフェクト」となる。小さく、コンテンツは入れ替え可能。それがPOP URBANISMだ。

従来の敷地・区画に囚われない商業のエコシステム

　マレーシアでは、Kopitiam（コピティアム。コーヒーショップの意味）と呼

ばれる極小のフードコートのような業態がある。店主が店先に屋台を何台か誘致し、家賃をとりながら営業をさせ、店主はドリンクのみを提供する。いわば飲食店を開業したのに、厨房での調理は外注してしまうというやり方である。しかも、炒飯、麺、シーフード、揚げ物、デザート、といったようにメニューごとに異なる専門屋台を集め、営業する。それが定着しているために、商業施設の飲食フロアでも、1区画に複数のブースを設けて営業するといった、又貸しがしばしば起こる。

　典型的なKopitiamは近年減ってきているが、実はこれこそがPOP URBANISMのもう1つの起源とも言える。従来の敷地・区画の賃貸借慣習によらず、流動的で、スタートアップや個人の店舗を支えるエコシステムだ。大きなショッピングセンターの一角であろうと、高い賃料を払える大手飲食店だけでなく、ブースを小割りにしていくことで小さな店舗や実験的な店舗を入れることができる。構成単位の小ささは、POP URBANISMの本質だ。それによって数店舗の集合体から、大規模施設まで、さまざまな環境に応用可能だ。

04

新しい価値観を
体験できる場所

こうしたPOP URBANISMの傾向が世界同時多発的に広がり始めたのは、2010年代に入ってからだ。その背景には、いくつかの価値観の転換があった。

　2000年前後から環境への意識が高まり、エコロジーやサステナビリティといった概念が一般に普及し、京都議定書（COP3、1997年）、パリ協定（COP21、2015年）、SDGs（国連、2015年）など、世界は脱炭素社会へ舵を切り始めた。それと並行するように、食に対しても、効率を追求した大量生産から、有機栽培やロー

カル志向への関心が高まった。イタリア発祥のスローフード運動（1986年）が広く知られるようになり、アメリカのオーガニックスーパー「Whole Foods Market」（コラム03参照）が成長を続け、各地でファーマーズマーケットや都市菜園が増え、地産地消やローカリティが重視されるようになった。

　2008年のリーマン・ショックや2011年の東日本大震災などを経て、エネルギーや環境に対する関心はさらに高まり、過度なグローバル資本主義の見直しも叫ばれるようになった。それと同時に世界各地で起こっている災害や社会課題がインターネットで可視化され、SNSで共有されるようになったことも後押しし、被災地支援、貧困支援、LGBTQ・人種差別の撤廃といったさまざまなソーシャルな活動・運動が起こる。

　環境や食に対する意識の変化とソーシャルな志向は、次第に混ざりあっていく。たとえばサードウェーブコーヒーは、有機栽培のコーヒー豆を使用し、原産地の労働者からの搾取を行わないフェアトレードで、大手チェーン店の安定した味ではなく個店の特徴ある味を提供するようになった。カフェはもともとサードプレイスとしての役割を担ってきたが、加えてコーヒーや焙煎方法、豆そのものの販売でも差別化が図られるようになり、それがやがて各店の個性となり、今でも世界中で新しいタイプのカフェが出現し続けている。ぶどうの種や皮を残したオーガニックワインや、さまざまな地域・醸造方法で個性ある味を追求してきたクラフトビールなど、商品の個性と背後のストーリーが重要な時代になった。

　こうした環境問題や社会課題への取り組みは、以前から存在していても、どこかボランタリーな精神に支えられてきた。環境問題は大事だが、儲からないと認識されていた。オーガニック食品は高くて売れないと言われていた。それが今では、人々がそのような環境に配慮した商品・企業の活動を支持し、リサイクルやリユースが見直され、家や車などさまざまなものがシェアされるようになり、毛皮や皮革、象牙などを避けるエシカル消費も増え、人種差別など「ふさわしくない」発言などが発覚したブランドには不買

運動などが起きるようになった。そのように、概念が経済と結びついたのが2010年代だった。同時に、大企業が個人のアーティストとコラボレーションしたり、ハイブランドがストリートカルチャーを取り入れたりと、小さいモノと大きいモノ、ハイとロー、などがミックスされ始め、今まであった壁が少しずつなくなりかけている。

　このように、2000〜20年頃に起こったさまざまな価値観の転換が、ミレニアルズやZ世代の感度の高い若者たちに支持され、経済的な実効力を伴って社会の転換を促しているのが現代だ。所有からシェアへ、消費から体験へ、タクティカル、クラフトマンシップ、ローカル、ソーシャル、ポップアップ、フラット、ヒップ。こうしたさまざまな新しい価値観が統合され、可視化され、表現され、体験できる場所とは何か。それこそが今求められる、新しいビルディングタイプだ。

05
変化し続ける新しい
ビルディングタイプ

アメリカのプログラマーのエリック・スティーブン・レイモンドは『The Cathedral and the Bazaar』(1999年、日本語版書名『伽藍とバザール』) で、オープンソースのOSであるLinuxの成功とハッカー文化について、伽藍 (カテドラル) に対してバザール的であると論じた。1人の設計者によって整然とつくられる伽藍ではなく、バザールのように多くの人々が試行錯誤しながらつくり成長させるという概念だ。

　ここまで述べてきたPOP URBANISMのコンセプトは、まさに「空間のオープンソース化」、つまりバザールなのである。従来の公共空間や商業空間と異なる点は、そこにある。バザールであり、サードプレイスであり、コミュニティ空間であり、ワークスペースでもあり、商業空間でもあり、プレイグラウンドでもある。どんな行為や目的も許容する場で、常に変化し続ける。

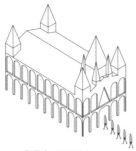

伽藍（カテドラル）
● トップダウン
● 中央集権的
● 計画的・非フレキシブル
● 入れ替え不可能
● ウォーターフォール
● 権威主義

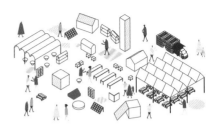

バザール
● ボトムアップ
● 自立分散型
● 仮設的・フレキシブル
● 入れ替え可能
● アジャイル
● コミュニティ・プラットフォーム型

カテドラルとバザールの概念の対比

　　POP URBANISMは、その柔軟性と仮設性により、場所を選ぶことなく都市のさまざまな状況にフィットする。古い歴史的建物をリノベーションしたり、高架下の使われていない空間を活用したり、空き地を暫定利用することができる。と同時に、巨大な都市開発プロジェクトの一角で、むしろその中心で、人々の集まる場としても機能する。都市開発のサイクルの隙間を埋める暫定的な空間利用にも使えるし、都市の新しいランドマークとしての役割を担うこともできるし、新しいプロジェクト／コンセプトの実験場にもなる。

　　POP URBANISMは、加速し続ける現代都市の欲求を受容する新しい集まり方であり、新しい商業のあり方であり、新しいコミュニティであり、新しいパブリックスペースであり、新しいビルディングタイプであり、新しいプラットフォームであり、都市と人間をつなぐ新しいインターフェイスだ。

　　そんなPOP URBANISMが今、世界中で求められ、世界中で増殖し、都市の変化を加速させている。

POP URBANISMを
理解するためのキーワード

1〜5章の各事例に登場し注釈をつけた用語は、POP URBANISMを理解するためのキーワードとなる (右の数字は解説頁数)。

おわりに

POP URBANISMの構想は、本書でも紹介した東京・表参道の「COMMUNE」の設計に関わるようになった2014年頃から考え始めた。世界のいろいろな事例をリサーチするなかで、当時はまだ少なかったが、本書で取り上げているような空間が都市に増え始めていると感じ、海外出張などの際に時間を見つけては訪れるようになった。そして実際にさまざまな事例を見るなかで、新たな建築のビルディングタイプとして、あるいは新たな都市のありかたとして、POP URBANISMは世界中の都市で盛り上がっていることを実感した。僕は大学院時代から、アジアの屋台やマーケットをリサーチし続けてきて、実際の建築設計の仕事で、そうした屋台やマーケットのリサーチを現代的な形で活かせないかとずっと考えていた。そんななかで見つけたPOP URBANISMというテーマは、僕にとっては古くも新しくもある、リサーチと設計の仕事をつなぐ架け橋だった。

「POP URBANISM」という言葉は、2017年と2019年に訪れたロンドンで、現地の設計事務所に務める川島奈々未さん・照吾さん夫妻に、こういう空間が見たいとお願いして案内してもらいながら議論したなかで生まれた。仮設的で、暫定的で、文化的で、ポップ。そんな響きのするこの言葉が、日本ではさまざまなハードルの中で実現が難しくもあり、だからこそ今の日本に絶対必要なキーワードだと確信した。

POP URBANISMの構想の元となったアジアの都市研究は、早稲田大学大学院で、古谷誠章先生と研究室のメンバーとで行ってきたリサーチがきっかけだ。アジアのストリートの屋台に関する博士論文も、研究室の多くのメンバーと共に何年もかけてリサーチを続けた結果によるものだ。手伝ってくれた研究室のみんなとご指導いただいた古谷さんに、改めて感謝したい。

2010年から2016年まで6年にわたって助教を務めた、東京大

学の隈研吾先生（現特別教授）にも感謝したい。COMMUNEに関わったのも、海外大学とのワークショップや、担当した海外プロジェクトなどで、かなり頻繁に海外諸国に渡航する機会をいただいたのも隈研究室での業務のおかげだ。海外での業務の合間に、（こっそりと）見て回った蓄積が、こうして本になった。

また学芸出版社の宮本裕美さんには、出版の機会をいただいただけでなく、大変長く付き合っていただき、感謝したい。文章や構成に対して的確なコメントをたくさんいただき、おかげで本書の骨格がまとまった。デザインをお願いしたLABORATORIESの加藤賢策さんには、とてもかっこいい本にしていただけた。

最後に、いろいろな面でサポートしてくれた妻・真里と、いつも元気をくれる風・麦にも感謝したい。

本書で取り上げたような場が世界でもっともっと増えればよいと思っている。小さい単位で、仮設的で簡易なものから始めれば、何も恐れることはない。ただ大胆に楽しく、地域や個人の色をどんどん乗せていくだけでよい。POP URBANISMは、まるでカメレオンのように場所をつくる、いわばプラットフォームのようなものだ。ただし、楽しいことが条件。今の日本に必要なのは、間違いなくPOPなURBANISMだ。

2023年3月

中村 航

[特記なき図版クレジット]
MOSAIC DESIGN Inc.、中村航、Maite Margalho*、Cécile Brissez*（*元所員）

中村航（なかむら・こう）

建築家。博士（建築学）。株式会社MOSAIC DESIGN代表。
1978年東京都生まれ。2002年日本大学理工学部建築学科（高宮眞介研究室）
卒業、2005年早稲田大学大学院修士課程（古谷誠章研究室）修了。2008年
同大学博士後期課程単位取得退学、助手・嘱託研究員を経て、2010〜16年東
京大学大学院隈研吾研究室助教。2011年東南アジアのストリートの屋台に関す
る研究で博士（建築学）取得。同年建築設計事務所MOSAIC DESIGN設立。
明治大学I-AUD、早稲田大学、日本大学などで非常勤講師を務める。店舗・住
宅・ホテル・商業施設・マーケットなど、屋台からアーバンデザインまで、何か楽しい
ことやりましょう！をキーワードに大小さまざまなプロジェクトに取り組んでいる。

Photo: Takuya Seki

POP URBANISM
屋台・マーケットがつくる都市

—

2023年4月10日　初版第1刷発行

著者　　中村航

発行所　**株式会社学芸出版社**
　　　　京都市下京区木津屋橋通西洞院東入
　　　　TEL │ 075-343-0811　info@gakugei-pub.jp

発行者　井口夏実

編集　　宮本裕美

デザイン　加藤賢策・望月滉大（LABORATORIES）

印刷・製本　シナノパブリッシングプレス